在家輕鬆做
餐廳必點菜

型男大主廚
張秋永
著

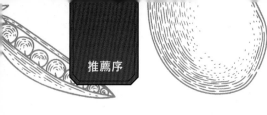

料理世界的最佳夥伴

秋永師傅，不只中餐，西餐，甜點，擺盤他都精通，
永遠都是我在外景生活的最佳夥伴～
如果你也想在家有個最佳幫手～
那秋永的新書將會是你的最好選擇。

知名藝人　李易

在生活中呈現美味

記得第一次見到秋永是在「料理123」的「新手媽媽的無限挑戰」，想
說怎麼跟泰國人溝通（喂～笑～）。跟師傅越來越熟後，發現他是一個
外表很有個性但其實內心是很生活的廚師，這些特質也都會在他的菜品
呈現出來，不浮誇，隨性，將菜品融入生活裡，是如此的打動人心，跟
著秋永師透過料理一起環遊世界吧！

知名藝人　張棋惠

帶你用美食環遊世界

如果你和我一樣喜歡旅行、嚮往環遊世界、熱愛異國料理，又或者想開
始學習新的料理方式、更新拿手菜，那麼一定要好好翻閱這本書。

它承載了旅人對美食的記憶和感動，用簡單、輕鬆的方式玩料理，其實
料理真的不需要太嚴肅，是我們生活的一部分，是帶給人幸福和溫暖
的。請帶著敞開的心，一起和秋永師傅用美食環遊世界吧！呵呵～

知名藝人　蔡頤榛（五熊）

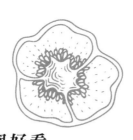

美食，絕不只是好吃與好看
料理，更豈只是熟成與技法

看秋永在「Titan's 世界 Kitchen」一邊說著世界各地美食的風俗民情、料理緣由，一邊示範解說各種操作技巧；真讓人有種跟隨著美食節目穿梭遨翔，忍不住有一股想要洗手進廚房即作即食的衝動。

隨著現代社會的步調快速，工作壓力緊張，享受美食已經成為人們最常使用的舒壓方式，透過美食當做媒介，讓人與人之間的交流更歡愉更融洽，也似乎已經成為「現代美食」在好吃與好看之外更積極的營養要素了。

秋永在這本以世界廚房為名的食譜書中，不僅簡化各國經典美食的作法，讓人可以輕易完成，喜歡學習料理的人，在完成一道又一道既滿足自我口腹之慾又能撫慰人心的料理時，更可以透過秋永講述的各地美食趣文和典故，增添和親朋好友共享的話題及情趣。

這樣一本兼具好吃、好學又好聊的世界 Kitchen，真心推薦給美食同好實作並收藏。

「型男大主廚」製作人　連恭平

經過淬鍊才形成的美味

當一個爸爸、廚師、老師、主持人，很幸運的，現在又多了一個頭銜，就是作者！不管是哪個角色，我都盡力扮演好！原本認為，這輩子不會再出書了，在職涯規劃內並沒有這個選項，因為出書，實在是比你們想像中來的還要麻煩、辛苦！

從一開始的設定，時間排程，寫出令人絞盡腦汁的內文，再來，就是最煎熬的食譜拍攝。這次很密集地在三天內拍完，每天，都要準備很多食材，每個製作過程也要記錄下來，完成成品時當然開心，但緊接而來的，又是下一道料理，當 50 道菜拍完時，心中真的有種說不出的爽快。別以為這樣就結束了，之後文字編輯者要協助潤稿，之後，開始排版，設計封面，我不說你一定不知道，你看到的封面是排了超過十次才選出來的！最後，痛苦的校稿就接踵而來，不停的校稿，就是為了防止內文有誤，當一切準備就緒，才有這本嘔心瀝血之作，所以一本書，我真的覺得不貴。

而會有這本書，也要感謝我的經紀公司庫立馬，在網路平台開啟了「料理 123」，裡面幫我設定「Titan's 世界 Kitchen」這個單元！想到草創時期，每次拍攝都在不同的地方，會議室、沒人坐的辦公室、型男的攝影棚，甚至老闆的辦公室都去過，我們像個孤兒到處流浪，到了後期終於有個像樣的攝影棚。而走到現在，已擁有96 萬粉絲，就是讓那麼多人看見我，才會有這次跟台灣廣廈出版社合作的機會，然後謝謝參與這本書的大家，當然還有謝謝看見我的你們，這本書，我真的很用心去寫作、拍攝，所以我相信，不會讓你們失望的！

CONTENTS 目錄

CHAPTER 1
走遍世界，
我心中記憶最深刻的料理

CHAPTER 2
一碗就是一餐！
最想躲起來獨享的「主食料理」

CHAPTER 3

一上桌就掃光！
適合全家人的「家常料理」

  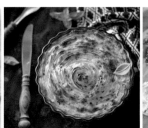 

CHAPTER 4

隨時隨地都想吃！
好友同歡的「派對野餐輕食」

CHAPTER 5

餐桌上的異國饗宴！
逢年過節的「浮誇宴客菜」

INTRODUCTION.

用味蕾記錄旅程，
食物就是最美的風景！

從籃球開始的廚師之路

很多人都知道我熱愛籃球，但大家應該沒想到，我會成為廚師的原因，也是因為籃球。我高中時期的志願本來是當運動員，之所以會到開平餐飲學校唸書，也是聽說學校有籃球隊我才唸的。那時候一參加完招生，立刻跑去打籃球比賽，也沒想過這樣誤打誤撞，竟然真的當上了廚師。

就這樣，學生當到學徒，再一路成為主廚，從日本料理學到西餐，後來又因為常跑國外接觸到許多異國的菜色，做菜在不知不覺當中已經成為我人生中很重要的一部分。現在想起來，真的要感謝以前年輕時，那個滿腦子只想著籃球的自己。沒有他，就沒有現在的我。

左撇子料理人的為難

我是一個左撇子，入學後第一次上料理實作課，老師教的是片魚。當時跟班上的同學都不熟，很怕被用異樣的眼光看待，所以硬是用右手來殺魚，結果不出所料，那條魚被我砍得七零八落，膽都破了，吃的時候有夠苦！

其實一般來說，慣用右手或左手，在廚房裡的影響不算太大。唯一的例外，就是日本料理。我們學校的學生在畢業前，需要先到職場上實習。當時我待的是君悅飯店（以前叫凱悅）的日本料理廳，主廚是日本人，雖然是自助餐，但菜色卻一點也不馬虎。實習了一年後，我的工作效率跟刀工都提升不少，甚至因此很想成為日本料理的師傅，連店名我都想好了，叫「永旬」，好笑吧！

實習結束後，有位師傅邀請我去他店裡上班，這對我來說是個很好的機會，當然二話不說就答應了。沒想到開始工作前，師傅卻突然跟我說：「我知道你是左撇子，但麻煩你以後用右手切菜。」一般的刀都是雙面刃，只有日本料理的刀是單面刃，用右手才切得順。我本來想要去訂製一把左手專用的刀，但師傅不允許，認為學徒沒有資格做這件事，叫我用右手切，就用右手切。沒辦法，我只好鼻子摸摸，用右手來切菜。當時其他的學徒就覺得很怪啊，這個師傅找來的人刀工怎麼那麼爛，理所當然我被排擠了，也做得不開心。

不過天無絕人之路，後來有朋友邀請我到義大利餐廳工作。雖然沒做過西式料理，但想著日本料理的刀跟西餐刀形狀類似，也沒有左右手之分，就抱持著嘗試看看的心情答應了對方，從此開啟我的西餐之路。

沒想過會因為籃球開啟的廚師生涯。

從日本料理轉戰西餐，
誤打誤撞踏入了教學領域

當時待的那間義大利餐廳很妙，都是印尼華僑，做出來的義大利菜卻很道地，師傅們對我也都很好，我在那裡學到很多西餐的技巧。唯一不能忍受的，就是每次員工餐都是咖哩，吃到我都怕了！所以在外面點餐，我幾乎不點咖哩。後來為了念夜二專不得不辭職，改到馥蘭朵烏來（當時叫春秋烏來）上班。馥蘭朵烏來的廚房寬敞明亮，好山好水，除了遠了點，跟原住民以為我是原住民之外，幾乎沒有什麼好挑剔的！我在半年內就升到主管階級，這無疑是對我最好的肯定。

在烏來上班時還有個小插曲。有一次，有人想要請我們餐廳副主廚去教課，他沒空，轉頭看到在隔壁準備食材的我，也沒跟我說一聲，就直接跟對方說我可以去。突然聽到要去教課的消息，我愣了好久，當時我才 20 歲，哪有什麼資格教別人啊！副主廚知道我超害怕的，還安慰我凡事總有第一次，試試看才知道。從此，我的職涯又多了個「老師」的稱號。也因為這次經驗，我才知道原來上一堂課，事前需要準備及採買這麼大量的教材和食材，一點也不比當廚師輕鬆。

後來我在轉換跑道的時候，曾經到萬能科技大學當了一年技術講師。原本想得很美好，覺得當老師週休二日，還有寒暑

假可以放，實在是太開心啦！後來才知道根本沒這回事，當一個真正的老師實在不容易，平常要備課，有外賓來要辦桌，還要輔導學生經營校內餐廳、考證照、出去比賽，還要招生！因為很菜，禮拜日都要回來值班，寒暑假幾乎都在輔導學生考照跟比賽，實在跟想像中的藍圖差太多了！我很快就發現比起教學，自己還是喜歡在廚房裡忙碌，實際拿著鍋鏟菜刀，端出一道又一道美食的日子。

走出台灣，用美食和世界接軌

之前在飯店的時候，我曾經幫菲姐義大利生活館（現在叫飛捷）做過幾場活動，當時的表現讓他們印象不錯，於是邀請我過去上班。接下這份工作後，飛行人生就此展開。因為公司在大陸有將近 30 幾個點，在北京、上海、廣州飛來飛去是家常便飯，甚至連西寧、新疆、哈爾濱、內蒙古包頭都去過，是一份大開眼界，也無比辛苦的工作。

不得不說，大陸實在非常大，每個地區有各自喜歡的口味，例如上海喜歡偏甜；哈爾濱天氣寒冷，吃的很鹹；南京口味偏淡，走養生路線；新疆喜歡用很多香料來增添風味；四川，就不用多說了，實在辣啊！地域性的口味非常強烈，所以我必須了解在不同的地區，如何做出適合他們口味的料理。

在國外做菜不比台灣，就算是飲食習慣和我們相近的大陸，也有很多不一樣的食材、調味、作法。甚至連一樣的食材，也有不同的名稱，例如蛤蜊叫做花甲、百葉叫做千張、蒟蒻叫做魔芋、醬油叫生抽等，數字的比法都跟我們不同！我剛開始常講錯也比錯，鬧了很多笑話。但說真的，雖然挑戰艱難，看到台下每個來賓說好吃的表情，也確實給了我很大的動力。

隨著跟庫立馬經紀公司的合作，我開始有機會上電視。不僅上了全台灣美食節目中收視最高的「型男大主廚」，也有幸參與「愛玩客之移動廚房」的主持。主持行腳節目對我來說，是一個拓展料理視野的大好機會。台灣不用說，東南西北都跑了遍，還去了許多不同的國家，品嚐到各國的在地美食，甚至因為節目的關係，可以進入店家的廚房一探究竟。

我在有著美麗自然景觀的韓國濟州島，吃到了漢拏峰的橘子，跟用橘子做的披薩，還有超級好吃的燒肉；在馬來西亞這個由華人、馬來人跟印度人共同組成的國家，品嚐到五花八門的美食，炒粿條、七爺咖哩飯、叻沙、蠔煎、煎蕊……現在想起來都垂涎欲滴；當然當然，還有我最喜歡的德國！飛了16個小時才到的德國，超美，隨便拍都好看，除了德國人超愛吃的香腸外，也不能忽略他們的起司、醃菜、青豆湯、羽衣甘藍，甚至炸魚排也是一絕！

餐桌上的旅遊回憶錄，
在家也能出異國好菜

　　在每一趟的旅程中，我看見了好多不同的食材跟菜餚，更印證了「料理無國界」這句話。在德國，我做了一道三杯雞給當地的人吃，沒有醬油，還用燒烤醬取代，上桌的時候很怕他們不習慣中式口味，沒想到他們超愛！還回煮了一鍋番茄蛋花湯給我們工作人員，讓大家暖心又暖胃！

　　在這些國家中東奔西跑的日子，大大改變了我對做菜的看法及想法，甚至是作法。每次在異地吃到好吃的食物，我都會努力用舌頭記住那道菜的味道，回國後試圖重現這些記憶中的酸甜苦辣，也因此有

了料理 123「Titan's 世界 kitchen」這個節目的出現。做菜對我來說，其實就是「好吃」而已，不一定要有多厲害的技巧在裡面，尤其平常在家做菜，只要知道怎麼讓每一道菜發揮出食材的味道，自然就是回味無窮的美味料理。

　　真心覺得一路走來，實在幸運，有非常多的貴人幫助我，我很感謝那些曾經幫過我及合作過的人，沒有你們，就沒有現在的我。我也會繼續努力下去，讓自己比昨天更好！希望大家能透過這本書，瞭解到更多料理的可能性，知道原來食材可以這樣搭配，原來在地口味是這樣調味，而激發出更多想法，做出更多有故事的異國料理。

Japan

China

Australia

走遍世界，
我心中記憶最深刻的料理

Mexico

凱薩沙拉

沒有凱薩大帝的凱薩沙拉

　　凱薩沙拉，是我畢業後到餐廳上班學的第一道菜。我本身是個肉食主義者，就算到了西餐廳，其實也沒有很愛吃沙拉。唯一的例外，就是包含美乃滋、起司粉、大蒜跟鯷魚，從名字到口味都很 Man 的凱薩沙拉。

　　很多人以為凱薩沙拉跟凱薩大帝有關，因為醬汁味道重，又使用有稜有角的蘿蔓生菜，就像凱薩大帝的 Man 樣，還有堅忍不拔的精神。但其實這道料理跟凱薩大帝一點關係也沒有，是一位叫凱薩的廚師發明的。

　　關於凱薩的故事有很多版本，其中比較特別的是，這位廚師凱薩有一次幫郡主辦宴會，結束後覺得這次的宴會餐點處理得實在糟糕，儘管他的郡主再三告訴他：「不會啊，我覺得很好了。」凱薩還是無法接受這次的失誤，當晚就在廚房裡自盡。雖然不知道這故事的真實性多高，但凱薩沙拉在我心中就是這麼硬氣、超 Man 的料理。

　　高中的時候因為念餐飲科，常常跑到各間餐廳朝聖，很妙的是，這些西餐廳的菜色雖然不盡相同，但一定都有這道經典的沙拉。當時我就在心裡告訴自己，非學會做這道菜不可，而且要做得到味又好吃！凱薩沙拉的作法很簡單，卻能品嚐到各種食材在口中融合的豐富層次。每次享用時，我都會默默感謝一下凱薩，謝謝他生前發明了這道經典料理。

材料（2人份）

<table>
<tr><td rowspan="6">食材</td><td>蘿蔓生菜</td><td>80g</td></tr>
<tr><td>培根</td><td>2 片 _ 切條</td></tr>
<tr><td>小番茄</td><td>5 顆 _ 切四等分</td></tr>
<tr><td>吐司</td><td>1 片 _ 切丁</td></tr>
<tr><td>起司粉</td><td>3g</td></tr>
<tr><td>黑胡椒</td><td>適量</td></tr>
</table>

<table>
<tr><td rowspan="4">醬汁</td><td>美乃滋</td><td>40g</td></tr>
<tr><td>大蒜</td><td>10g _ 切碎</td></tr>
<tr><td>起司粉</td><td>5g</td></tr>
<tr><td>黃芥末醬</td><td>5g</td></tr>
</table>

 備料 MEMO

吐司換成原味的玉米片（約 10g），口感也不錯。

作法

1 蘿蔓生菜泡冰水，冰鎮 10 分鐘。吐司放入烤箱用 120℃ 烤約 10 分鐘，當整體變得酥脆時即可取出備用。

2 冷鍋下培根，炒熟到油脂出現並煎香後，起鍋備用。Ⓐ Ⓑ

Titan 這樣煮 | 培根本身帶有油脂，不需加油。但如果買的是低脂培根，就要另外加少許油。

3 把美乃滋、蒜碎、5g 起司粉、黃芥末醬拌在一起。Ⓒ

4 把生菜擺上盤，放上小番茄、培根、吐司丁，撒上 3g 起司粉、黑胡椒，再搭配調好的醬汁即完成。

Titan 這樣煮 | 直接用刀叉切來吃，生菜水分更多、鮮甜又清脆。

火辣到不行的出差初體驗

　　我其實是個不吃辣的人，會吃到這道四川麻辣鍋，完全是由於人生奇妙的機緣。我上本書做的是塔吉鍋料理，當時為了宣傳新書幫忙一家鍋具公司食演，沒想到做完三場之後，他們非常喜歡我的臨場反應，就直接把我從飯店挖角到他們公司。進入公司被指派到大陸出差食演，第一次去的地方，就是四川重慶。

　　我記得我一踏出機場，不誇張，空氣中到處瀰漫花椒的香氣，頓時讓人有種「我真的來到了四川」的強烈感受。到了食演當天，早就聽聞四川人愛吃辣的我，特別準備了兩大盒辣椒，但現場的客人在我煮菜的時候，卻還是一直說辣椒不夠，明明辣度高到做菜的我都已經嗆到不行，他們還是說不夠。當然，兩盒辣椒全部用完，我看他們吃的表情，居然一點都沒有辣的感覺，這一幕實在讓我太震驚了。

　　後來食演結束後工作人員帶我去吃飯，我告知我不吃辣，結果找了半天，竟然沒有一間餐廳是不辣的……最後選了一家叫「那紅唇」的麻辣鍋，想說至少有鴛鴦鍋可以解救不吃辣的我。剛開始鴛鴦鍋的確是一白一紅，但不用十分鐘的時間，滾燙的麻辣鍋湯開始不斷侵入白鍋，很快兩邊都變成了一樣的紅色。同仁就跟我說：「你來重慶，一定要試試這麻辣鍋，味道非常過癮。」我看到沾醬是香油，聽他們說香油可以解辣，就半信半疑吃了一口。

　　沒想到那一口的味道，令我久久無法忘懷！滋味真的是好啊！吃了幾口後，終於明白為什麼店名叫「那紅唇」了，辣到嘴巴又紅又腫。只是快樂的晚餐，換來卻是小菊花的苦難，從晚上到早上，我總共拉了 5 次，真的快虛脫了，但厲害的是，不管怎麼拉，嘴裡還是想念那個麻辣鍋的味道……。

China 四川麻辣鍋

記憶最深刻的料理・四川麻辣鍋

材料（2人份）

<table>
<tr><td rowspan="9">鍋底</td><td>香油</td><td>30g</td></tr>
<tr><td>薑</td><td>30g_切片</td></tr>
<tr><td>青蔥</td><td>20g_切段</td></tr>
<tr><td>大紅袍花椒</td><td>3g</td></tr>
<tr><td>乾辣椒</td><td>3g</td></tr>
<tr><td>郫縣辣椒醬</td><td>30g</td></tr>
<tr><td>高湯</td><td>1500cc</td></tr>
<tr><td>滷包</td><td>1袋</td></tr>
</table>

<table>
<tr><td rowspan="6">食材</td><td>牛五花肉片</td><td>1盒</td></tr>
<tr><td>鴨血</td><td>1顆_切塊</td></tr>
<tr><td>凍豆腐</td><td>6顆</td></tr>
<tr><td>大白菜</td><td>70g_切塊</td></tr>
<tr><td>油條</td><td>1根_切段</td></tr>
<tr><td>蒜苗</td><td>40g_切斜段</td></tr>
</table>

備料 MEMO

- 正統作法是加牛油，但台灣不好買，所以改用香油代替。如果有機會買到牛油也可以試試看，香氣更棒！
- 辣椒醬建議使用郫縣辣椒醬，我都是向菜市場的南北雜貨店老闆訂購，也可以到進口超市，或是上網買。
- 滷包用一般的紅燒滷包或是滷肉滷包都可以，超市都有在賣。

作法

1 香油入鍋後，放入薑片跟蔥段炒香，再放入花椒跟乾辣椒續炒到出現香氣，接著加入辣椒醬炒香。Ⓐ

Titan 這樣煮｜用中火煸即可，不要開大火。香油和花椒粒、乾辣椒都不適合太高溫，容易變質或出現苦味。

2 再放入高湯跟滷包，以小火煨煮約 30 分鐘後，用湯匙試喝看看味道夠不夠，若不夠就再續煮。Ⓑ

3 等味道夠後，取出滷包，就可以開始煮火鍋了。放入牛五花肉片、鴨血、凍豆腐、大白菜、油條跟蒜苗，也可以加入自己喜歡的火鍋配菜。Ⓒ

經典電影裡的靈魂美食

　　接下來要教大家的普羅旺斯燉菜，很多人應該都不陌生，沒錯，在電影「料理鼠王」裡讓美食記者吃了一口後驚為天人的，就是這道也被稱為「法式燴雜蔬」的料理。這道菜呈現的方式非常多元，可以做得很家常，也可以運用大量技巧，做成像電影裡般細膩精緻的模樣。而我會認識它，還真的也是因為看了這部電影，才知道它在法國家喻戶曉的地位，大概就像我們台灣的滷肉飯。

　　記得當時電影還在播放，我就已經深深為這道菜著迷。利用大量蔬菜長時間烹煮而成的醬汁鋪底，排上一片片切得薄薄的番茄、茄子、櫛瓜等蔬菜後送入烤箱，等蔬菜烤到熟透，裡頭也吸飽了醬汁的風味，再撒上堅果跟巴西里點綴。可以直接整模端上桌，像電影裡面排得整整齊齊再淋上醬汁也不錯，總之，不管怎麼呈現，我光用想像的就知道，味道絕對好得沒話說。

　　有趣的是，菜名雖然叫普羅旺斯燉菜，但其實起源是南法的尼斯，不知道是不是外界都認為它出自於普羅旺斯，所以才有此命名。不過說也奇怪，這道料理的知名度很高，但在台灣一般的餐館裡卻蠻少見。沒關係，如果外面不好買，我們就自己動手做吧！我習慣的作法，是像電影裡一樣將蔬菜切成片的版本，看起來很厲害，其實容易上手又健康，蔬菜烤完後的鮮甜，配上多層次的醬汁，做完超有成就感！

Titan帶你做！

France

11 普羅旺斯燉菜

材料（2人份）

<table>
<tr><td rowspan="11">食材</td><td>洋蔥</td><td>40g _ 切絲</td></tr>
<tr><td>紅甜椒</td><td>30g _ 切絲</td></tr>
<tr><td>南瓜</td><td>40g _ 切片</td></tr>
<tr><td>大蒜</td><td>10g _ 切片</td></tr>
<tr><td>九層塔</td><td>5g _ 切絲</td></tr>
<tr><td>去皮番茄</td><td>2 顆 _ 切碎</td></tr>
<tr><td>小顆牛番茄</td><td>2 顆 _ 切薄片</td></tr>
<tr><td>綠櫛瓜</td><td>1 根 _ 切薄片</td></tr>
<tr><td>黃櫛瓜</td><td>1 根 _ 切薄片</td></tr>
<tr><td>茄子</td><td>0.5 根 _ 切薄片</td></tr>
<tr><td>核桃</td><td>15g _ 切碎</td></tr>
</table>

<table>
<tr><td rowspan="8">調味料</td><td>初榨橄欖油</td><td>適量</td></tr>
<tr><td>白葡萄酒</td><td>30cc</td></tr>
<tr><td>水</td><td>100cc</td></tr>
<tr><td>俄立岡葉</td><td>1g</td></tr>
<tr><td>巴西里</td><td>適量 _ 切碎</td></tr>
<tr><td>鹽</td><td>適量</td></tr>
<tr><td>白胡椒</td><td>適量</td></tr>
</table>

 Check 備料 MEMO

蔬菜盡量切成差不多厚度的薄片，排列起來才好看。南瓜則是用來打醬汁的，切片是為了比較快熟，不需要太拘泥形狀。

作法

1 取鍋下橄欖油,加入蒜片、洋蔥絲、紅甜椒絲、南瓜片稍微翻炒上色後,加入白葡萄酒燒。Ⓐ

2 接著加入水、去皮番茄、九層塔、俄立岡葉,小火煨煮約 10 分鐘至南瓜變軟後,再用鹽、白胡椒調味。

3 放入調理機中打成泥狀,做成醬汁,之後倒入鑄鐵鍋(或烤盤)中鋪底。Ⓑ

4 依序鋪上切片的黃櫛瓜、綠櫛瓜、牛番茄、茄子。Ⓒ

5 在蔬菜表面撒一點鹽、刷上橄欖油,放入烤箱以 180℃烤 15 分鐘。

6 取出後再撒上核桃碎跟巴西里碎即完成。

Germany 德式香腸啤酒洋梨豬

濃縮幸福的異國年菜

　　這道料理是我第一次和便利商店合作推出的年菜。當時會想到要做德國料理，其實是為了紀念我第一次跟著「愛玩客」出國去的國家，就是德國，那也是我第一次搭那麼久的飛機到歐洲。這麼多的第一次結合在一起，誕生出了這道對我來說意義非凡的菜色。

　　還記得當時我得知可以去德國的消息，心中實在雀躍不已，決定不管如何一定要排除萬難成行。從沒想過身為廚師的我，有一天居然能夠藉由這樣的方式到歐洲旅遊。我們從香港轉機後飛了將近 16 個小時，終於到了德國。踏出機場後，我的天啊，街道真的美得如畫，怎麼拍都是美景。待在德國的那幾天，跟著節目吃吃喝喝，還去狩獵、踢足球，每天過得好快樂、充實。

　　德國人的三餐，只有晚餐才吃熱的，這也是一個蠻特別的習慣，因為德國的溫度對我們來說的確很冷。讓我印象最深刻的是最後一站，我們到了導遊的朋友家做菜，第一次出國做料理，當然不能隨便啊！他們很希望我可以帶來一道台灣菜，於是我就做了三杯雞。但是在德國沒有醬油，我只好用他們冰箱裡剩的一罐燒烤醬來調味，端上餐桌時內心很怕他們不喜歡，但還好他們吃得津津有味，還一直問我該怎麼做，還好還好，沒有丟台灣的臉，這也是一個難得的經驗。

　　這道德式香腸啤酒洋梨豬，結合了德國最知名的香腸和啤酒，也在燉豬肉中加入了蔬菜，以及增加甜度的洋梨。設計出這道富含異國特色的年菜後，很幸運沒有花太多時間，就完成了我本來有點擔心的前端技術轉移。說實話，這道料理在德國就是個家常菜，作法並不難，只是需要時間慢慢燉煮入味。找個假日或是逢年過節的早上燉一鍋，和全家人一起分享這份幸福吧！

Titan帶你做！

材料（2人份）

<table>
<tr><td rowspan="7">鍋底</td><td>豬梅花肉</td><td>600g _ 切方塊</td></tr>
<tr><td>法蘭克福香腸</td><td>2 根 _ 切小段</td></tr>
<tr><td>洋蔥</td><td>100g _ 切方塊</td></tr>
<tr><td>紅蘿蔔</td><td>100g _ 切方塊</td></tr>
<tr><td>西芹</td><td>60g _ 切方塊</td></tr>
<tr><td>馬鈴薯</td><td>100g _ 切方塊</td></tr>
<tr><td>小洋梨</td><td>3 顆 _ 切四等分</td></tr>
</table>

<table>
<tr><td rowspan="2">醃料</td><td>鹽</td><td>適量</td></tr>
<tr><td>白胡椒</td><td>適量</td></tr>
</table>

<table>
<tr><td rowspan="6">調味料</td><td>啤酒</td><td>355g</td></tr>
<tr><td>雞高湯</td><td>500g</td></tr>
<tr><td>月桂葉</td><td>1-2 片</td></tr>
<tr><td>糖</td><td>適量</td></tr>
<tr><td>鹽</td><td>適量</td></tr>
<tr><td>白胡椒</td><td>適量</td></tr>
</table>

Check 備料 MEMO

- 法蘭克福香腸也可以換成德式香腸，選擇喜歡的就好。
- 豬肉和蔬菜切大約 3cm 大小的方塊狀。
- 小洋梨買新鮮的或罐頭都可以。

作 法

1 豬梅花肉加入鹽、白胡椒，用手稍微抓揉後，靜置略醃 30 分鐘以上。

2 取一深鍋下食用油燒熱後，放入豬肉，煎到每一面都稍微 上色後，放入洋蔥、西芹、紅蘿蔔稍微拌炒，再加入啤酒 燉煮 5 分鐘。Ⓐ Ⓑ

> **Titan 這樣煮** | 洋蔥、西芹、紅蘿蔔在西方料理中代表的是調味料裡的味精， 其口感與甜味都可以幫助提升豬肉料理的風味。

3 時間到後加入高湯、法蘭克福香腸、月桂葉，蓋上鍋蓋續 煮 15-20 分鐘。Ⓒ

4 接著加入小洋梨跟馬鈴薯，再煮 5 分鐘。最後用鹽、白胡 椒、糖調味，即可盛盤上桌。Ⓓ

> **Titan 這樣煮** | 馬鈴薯不建議煮太久，容易化開。但如果喜歡鬆軟口感可以 煮久一點，或是煮好後靜置 15-20 分鐘，用餘溫燜軟。

鮑魚石鍋拌飯

每一口都得來不易的海洋恩惠

這道料理是我在主持「愛玩客」節目的時候，在韓國濟州島吃到的，我到現在還記得，當時吃進嘴裡的感動。

開始主持行腳類節目後，本來在廚房做菜的我有更多機會可以到不同國家旅遊、接觸當地的飲食文化，這些對我來說都是很難得的體驗。記得那次要去濟州島，我其實有點不安。因為在出發之前，每個去過的人都跟我說，濟州島就是盛產漢拏峰橘子，其他什麼都沒有！我越聽越擔心……這樣節目要怎麼拍啊？！

結果白擔心一場。製作單位真的很厲害，在濟州島找到許多好吃的店家，像是橘子披薩、馬肉、烤白帶魚、白帶魚生魚片、蒜味炸雞、涮雞肉、烤豬肉、生食章魚、鮑魚，還有滿滿的海鮮火鍋……美食多到說不完，現在就想立刻買機票再飛過去！但是，在這些美食堆中，最令我念念不忘的味道，就是鮑魚石鍋拌飯。

在製作這道料理前，節目安排我們先跟著海女們下海捕捉海鮮。聽說以前濟州島很多家庭，主要的經濟來源就是靠海女捉海鮮來養家。海女們真的很不簡單，我們下水時雖然穿著防寒衣，但我全身的知覺只剩下冷啊！明明波浪大到連前進都非常困難，但只見到海女們迅速沉到海底，撥開石頭，取出好幾顆鮑魚、海膽。不講你不知道，這些海女們的年紀，最小的也快五十歲，跟我們下海的兩位海女，一位六十多歲，一位七十多歲，實在太佩服了。但海女們的年齡層之所以這麼高，也是一件有點悲傷的事。因為這份工作實在太辛苦，現在年輕人都不想做了，海女這個職業已經被列為移動的世界文化遺產，可能再過個一二十年，就會徹底絕跡了吧。

好不容易等到可以上岸，我累得氣喘噓噓，眼前這兩位海女卻依然臉不紅、氣不喘地在看今天的戰利品。後來回到海女家，我在門口幫她們一起處理海膽，試吃了一口，有夠甜的。當時海女們做給我們吃的料理，就是鮑魚石鍋拌飯。飯上鋪滿了切片的鮑魚，挖了口飯來吃，那滿滿的海味，讓我到現在還忘不了。因為跟著海女下海捕撈，知道這些鮮甜得來不易，吃起來也格外珍惜。希望有朝一日還能回到濟州島，品嚐這道充滿海味的料理。

材料（2 人份）

食材
白飯	150g
鮑魚	2 顆
蒜苗	5g _ 切花

調味料
香油	適量
醬油	20cc
米酒	20cc
糖	2g
奶油	10g

 備料 MEMO

- 準備一個能夠加熱的韓式小石鍋，如果沒有，也可以用陶鍋替代。
- 買的鮑魚如果夠新鮮，保留肝臟不要丟掉，可以用來增加醬汁的鮮味。

作法

1 石鍋加熱，鍋內塗上香油後，趁熱放入白飯。Ⓐ

Titan 這樣煮｜利用石鍋的熱度在底層做出鍋巴。

2 鮑魚切塊，放入鍋中煎上色後，加入醬油、米酒跟糖炒香。ⒷⒸ

Titan 這樣煮｜如果有新鮮的鮑魚肝臟，一起加進去做成醬汁，鮮味很棒。

3 將炒好的鮑魚淋在飯上面，撒上蒜苗。Ⓓ

4 趁熱大口品嚐，並在吃的時候拌入奶油，口味更升級。

藏在平凡中的驚人美味

我們錄節目的時候，因為拍攝需求每天都要吃好多菜，有時候沒吃完也覺得對不起店家，常常吃得超撐。但當然，就是我們主持人吃而已，其他導演、工作人員大不了吃個一兩口，所以到了晚上自然容易餓，常跑出去買宵夜。

這道鴨蛋炒粿條，就是在馬來西亞吃宵夜時吃到的。馬來西亞是個炎熱的國家，由印度人、華人跟馬來人所組成，所以發現馬來西亞的菜色都有種融合的味道，無論是煎蕊、炒粿角、蠔煎、咖哩飯、曼煎糕、甚至 Rojak（囉喏），都會跟一般想像中的有點不同。

當時導遊推薦給我們的宵夜，是一家只賣晚上的鴨蛋炒粿條，聽說口味不錯，但就是人很多需要排隊。剛好那幾天的拍攝沒有拍過炒粿條，工作人員們想說口味不會重複，就決定跟著排隊。本來我跟小易是不想吃的，因為我們倆吃了一整天，真的不用再吃宵夜了。但沒想到，計畫趕不上變化，那炒粿條的香氣實在很香，工作人員吃了以後都說超好吃的，叫我們一定要試試。我被那迷人的香氣吸引，忍不住也吃了一口，說真的，一口真的不夠，那迷人彈牙的粿條，配上帶點脆口的蔬菜，炒到香氣十足的鴨蛋，讓人想直接掃盤！

平常我是個肉食主義者，吃飯沒有肉或海鮮就覺得好像少了什麼，偏偏唯獨這鴨蛋炒粿條，那火候極佳的鍋氣，完美結合了食材的味道，真的是當地人才知道的私藏料理！就算沒有肉或海鮮，一樣那麼好吃。真的沒想到，吃了好幾天馬來西亞的美食，我最喜歡的料理，竟然是這道預料之外的在地小吃。

Malaysia 鴨蛋炒粿條

材料（2 人份）

食材

粿條	150g _ 切細
鴨蛋	2 顆
蝦仁	8 尾
臘腸	1 根 _ 切斜片
豆芽菜	30g
韭菜	10g _ 切段

調味料

蠔油	10g
老抽	10cc
魚露	10cc
糖	適量
參巴辣椒醬	10g

備料 MEMO

- 老抽的顏色較深，味道不會死鹹，如果換一般醬油，顏色會比較淺。
- 參巴辣椒醬是加入東南亞辛香料的辣椒醬，網路商店上有賣，沒有就換普通辣椒醬，但香氣有差。

作法

1 粿條放入鍋中炒香，加入蠔油、老抽跟魚露、糖調味。Ⓐ

2 將粿條撥到鍋子一側，放入蝦仁、臘腸炒熟。Ⓑ

3 加入適量油跟參巴辣椒醬，將鴨蛋打入與粿條拌勻。Ⓒ
Titan 這樣煮 | 鴨蛋不用先打勻，同時保留蛋黃和蛋白的香氣。

4 加入韭菜與豆芽菜炒香，裝盤即可。Ⓓ

Malaysia

菜脯魚

改變當地飲食習慣的一道菜

　　吉打，位於馬來西亞最北部的一個城市，離泰國非常的近。有一天早上，製作單位帶我們去吃早餐，我當時腦中想到的畫面，不是三明治、油條，就是一碗米粉或是麵，就這樣跟著車出發，沒想到卻被帶到一個高朋滿座，很像香港大排檔的餐廳。

　　這家店在大馬路上，廚房就位於馬路邊，跟香港大排檔的形式非常相似。不是要吃早餐嗎？幹嘛帶我們到這邊啊？製作單位說，這裡是吉打人吃早餐的地方，就連知名藝人李心潔也是常客，只要回到家鄉就一定會來這邊報到。早餐我吃了很多，真的從沒看過吃得這麼澎湃的。細問之下更驚訝，原來大家都是為了這道菜脯魚而來，我實在太想知道這道料理到底充滿什麼魔力，讓吉打人願意起個大早來吃？

　　我很幸運，藉著採訪之便有機會跟老闆一起製作這道料理。在魚的部分，處理方式很簡單，老闆選用肉質細膩彈牙的石斑，利用大火清蒸保留原本風味。接著進入菜脯魚的重頭戲——「菜脯」。我試吃了一下，吉打的菜脯比較清淡，不像台灣的鹹味較重。先將濕的菜脯在大火中翻滾，再加入大蒜拌炒，等到快結束時再放入乾燥的菜脯，鋪到魚上，這道菜脯魚就完成了。菜一上桌，我迫不及待吃下一口，立刻深深了解到這道料理的魅力！魚肉的Q彈，配上兩種口感的菜脯，在這炎熱的天氣裡，一口接一口，完全停不下來！

　　雖然我還不太習慣把魚當成早餐吃，但只要想到一道美味的料理，竟然能因此改變當地人的飲食習慣，就覺得料理果然是了不起的事啊。

材料（2人份）

食材

鱸魚	1 尾
菜脯	80g _ 走水
辣椒	15g _ 切碎
大蒜	15g _ 切碎
蒜酥	5g
蔥花	10g

調味料

米酒	30cc
白胡椒	適量
香油	適量
糖	適量

 Check

備料 MEMO

- 正統作法是使用石斑，但因為價格較高昂，也可以換成鱸魚。
- 因為魚會放入電鍋蒸熟，建議不要買太大尾，以免放不下去。
- 台灣菜脯鹹度較高，建議先用流水沖 7-8 分鐘（走水），降低鹽度。

作 法

1 菜脯走水，將鹽味去除後瀝乾，取一半的菜脯炸乾。Ⓐ

2 鱸魚處理好（去鱗除內臟、洗淨），加入米酒跟白胡椒，放入電鍋，外鍋一杯水，蒸熟。Ⓑ

3 香油入鍋，濕的菜脯放入鍋中炒香，加入辣椒跟蒜碎、糖續炒到香氣出來後，加入乾菜脯、蒜酥跟蔥花拌勻。Ⓒ

4 將炒好的料，鋪在蒸好的魚上面就完成了。

CHAPTER
2

一碗就是一餐！
最想躲起來獨享的
「主食料理」

Italy 肉醬千層麵

Titan 說故事

我想，在台灣，應該沒有人不愛吃這道義大利著名的傳統料理吧！麵皮鋪底，層層疊疊放入肉醬、白醬（Béchamel）、起司粉，再蓋上麵皮，重複 3-5 遍同樣的步驟後，最後在頂端撒上大量起司絲，放入烤箱烤到融化上色。濃郁的口感，讓人一再回味。

材料（1 人份）

食材

千層麵皮	4 片
牛絞肉	300g
洋蔥	50g _ 去皮切碎
紅蘿蔔	25g _ 去皮切碎
去皮番茄罐頭	100g _ 切碎
大蒜	15g _ 切碎
起司絲	50g
起司粉	適量
巴西里	適量 _ 切碎

調味料

水	100cc
黑胡椒	適量
俄立岡	1g
高筋麵粉	10g
鹽	適量
牛奶	100cc

作法

1 鍋中倒油後，放入牛絞肉、蒜碎、洋蔥碎、紅蘿蔔碎，炒到出現香氣。Ⓐ

> **Titan 這樣煮|** 絞肉的肥瘦比例為 20% 肥肉和 80% 瘦肉。蒜頭跟著絞肉下鍋翻炒，有助於去除絞肉腥味。

2 接著加入切碎的去皮番茄、水、黑胡椒、俄立岡，續煮 5 分鐘左右。Ⓑ

3 煮到食材皆軟化、融合後，分次少量加入高筋麵粉拌勻，再加鹽、牛奶攪拌均勻到稠化後，即完成肉醬。Ⓒ

> **Titan 這樣煮|** 麵粉不要一次全部倒進去，容易結塊散不開。

4 燒一鍋水，裡面加鹽，水滾後放入千層麵皮煮約 3 分鐘後，撈起備用。

> **Titan 這樣煮|** 千層麵皮用夾子夾容易破掉，我都用筷子撈，比較不會破又順手。

5 取一片千層麵皮鋪底後，均勻塗抹上肉醬，再蓋上一片千層麵皮。Ⓓ

> **Titan 這樣煮|** 喜歡起司味的人，也可以每鋪一層肉醬就撒上起司粉。

6 就這樣疊 3-4 層後，在最上層鋪滿起司絲和起司粉，放入預熱好的烤箱，以 200℃烤 6 分鐘。Ⓔ

> **Titan 這樣煮|** 同時使用起司絲和起司粉，是焗烤的小訣竅，兩者烤過後的香氣不同，會讓味道層次更豐富。

7 出爐後撒上起司粉、巴西里碎裝飾，完成。Ⓕ

Italy 馬鈴薯麵疙瘩

Titan 說故事

在亞洲料理裡面，麵疙瘩算是一個不陌生的名詞，在義大利也有這種料理，不同的是，亞洲的麵疙瘩算是純麵粉捏製而成，而義大利的作法，則習慣在麵團裡面加些蔬菜，例如南瓜、甜菜根、菠菜等，再搓揉而成。在眾多的麵疙瘩種類中，我個人最愛的就是馬鈴薯麵疙瘩，吃起來帶有麵團的筋性，又有馬鈴薯的百搭香氣，非常值得一試！

材料（1人份）

麵疙瘩

馬鈴薯	350g _ 煮熟去皮
高筋麵粉	160g
蛋黃	1 顆
起司粉	適量
鹽	適量
白胡椒	適量

白酒醬汁

洋蔥	20g _ 切碎
大蒜	5g _ 切碎
白葡萄酒	30cc
無糖鮮奶油	50cc
水或高湯	30cc
鹽	適量
糖	適量
白胡椒	適量
巴西里	適量 _ 切碎
無鹽奶油	10g
核桃	10g

Check 備料 MEMO

巴西里用新鮮的或乾燥的都可以，但如果有新鮮的最好，香氣較足。

作法

1 馬鈴薯用水煮或蒸熟（約 25 分鐘）到筷子可以輕易戳進去的軟度，取出待放涼後，去皮壓碎。

> **Titan 這樣煮** | 馬鈴薯帶皮一起蒸熟，可以減少水分的進入，口感較佳。

2 將壓碎的馬鈴薯泥加入過篩後的高筋麵粉、蛋黃、起司粉、鹽、白胡椒後，搓揉均勻成麵團。Ⓐ Ⓑ

3 整形成長條狀，再分切成小塊，利用叉子壓一下後捲起來，完成塑形。Ⓒ Ⓓ

> **Titan 這樣煮** | 利用叉子在麵疙瘩表面做出紋路，可以沾附更多濃稠的醬汁。

4 取一鍋水煮滾，在水中放鹽，放入麵疙瘩煮至浮起，即可撈出備用。Ⓔ Ⓕ

5 取一平底鍋下少許食用油，放入洋蔥碎及蒜碎，炒到稍微上色、香氣出來後，加入白酒，再加入無糖鮮奶油、水、鹽、砂糖、白胡椒，做成白酒醬汁。Ⓖ

6 接著把麵疙瘩放下白酒醬汁中，煮至稠化。

7 關火後撒上巴西里，再加入無鹽奶油拌勻融化即可。Ⓗ

8 盛盤後，再撒些核桃碎、巴西里做裝飾即完成。

Italy 煙花女義大利麵

Titan 說故事

這是一個很特別的義大利麵，其實不是賣給煙花女吃的，而是形容這盤義大利麵，因為加了鯷魚、酸豆、橄欖、辣椒跟大量的蒜，味道很重，就像煙花女的妝髮，特別的濃郁，而有此命名。因為沒有過多的材料，所以這道菜永遠是最便宜的，但也是最能吃出麵的彈性及風味的一道菜。

材料（1 人份）

 食材

義大利麵	180g	煮熟
綠橄欖	10g	
鯷魚	0.5 條	
酸豆	10g	
去皮番茄罐頭	80g	切碎
大蒜	15g	切碎

 調味料

白酒	30cc
水	60cc
辣椒粉	1g
糖	適量
白胡椒	適量

備料 MEMO

- 義大利麵先參考包裝標示煮熟，可保留少許煮麵水，取代調味料中的水。
- 不喜歡鯷魚味道可以省略，但做出來的口味會比較不道地。

作法

1 綠橄欖、鯷魚、酸豆、去皮碎番茄放入調理機中。均勻攪打成泥狀的醬汁後備用。Ⓐ

2 熱鍋下油後，放入蒜碎煎至上色、出現香氣後，加入白酒煮到酒精揮發。Ⓑ

3 再倒入步驟 1 打好的醬汁與水。Ⓒ
Titan 這樣煮｜水可改加煮麵水，讓麵和醬汁的味道更融合。

4 加入辣椒粉、糖、白胡椒調味，放入煮好的義大利麵。
Titan 這樣煮｜鯷魚本身就帶有足夠的鹹味，不需要再加鹽。

5 均勻攪拌，讓醬汁和麵條緊緊包覆在一起，完成！Ⓓ

義大利最重要的主食──義大利麵

　　台灣人聽到「義大利麵(Pasta)」，通常會直接想到細長的直麵(Spaghetti)，但其實直麵只是義大利麵的一種。Pasta 的意思是搓揉過的麵團，種類非常廣泛。一般市售品項大致可以依照形狀區分成圓麵、長管麵、髮絲麵等「長麵」，以及筆尖麵、通心粉、螺旋麵等「短麵」，還有千層麵、麵餃等「特殊形狀」。如果細分下去，不同的製作、調理方式，又可以分成不同的種類，說都說不完。

　　義大利麵對義大利人來說是國家等級的驕傲，也是他們日常生活中少不了的一部分。甚至還有明文規定，必須符合只用 100% 杜蘭小麥和水製成的，才足以稱為義大利麵。而且不論是手工或機器製的麵條，所有顏色都要採用天然蔬果混合製成，例如紅蘿蔔或番茄的紅、墨魚汁的黑、蔬菜的綠等，不能添加色素或防腐劑，具有嚴格的規範。

　　此外，常常搭配義大利麵一起吃的橄欖油、起司、番茄等，也都是富含高營養價值的健康食材。在烹煮時加上洋蔥、大蒜、月桂葉、巴西里，美味和營養更是加分。據說一開始的義大利麵只有番茄紅醬，後來隨著發揚到世界各地，才逐漸發展出白醬、青醬、粉紅醬、墨魚醬等各式各樣的口味。現在常見的明太子、海膽等海味義大利麵，則是日本人發明出來的，味道非常豐富。

　　一般我們在煮義大利麵時，水跟麵的比例大約 100 公克的麵條放 1 公升的水，煮麵的時候會加少許鹽，比例大概是水的 100 分之 1，也就是 1 公升的水，加 10 公克的鹽。這樣煮出來的麵更有味道，也比較快熟。煮麵的時間可以參考包裝上的標示，但過程中要一邊試吃看看麵的軟硬度，如果完全只按照包裝標示，很容易錯過麵條最好吃的黃金時刻！另外切記，煮好的義大利麵千萬不要再拿去沖水，以免風味流失。

▲義大利麵有各式各樣的種類和形狀。

China 京醬肉絲拌麵

Titan 說故事

我之前因為工作需求常常飛北京，在北京吃飯時，京醬肉絲是我們必點的一道料理，調味主要靠甜麵醬，再利用爆炒的方式完成，量不用太多，就可以配上很多碗飯。我有一個球友，不吃牛肉、不能吃辣、又很愛吃麵，喜歡重口味的料理。有一次要做菜給他吃，我腦中便浮現了這道開胃的下飯菜，於是將京醬肉絲加點創意變化，設計出這道麵食。後來，他笑著吃完了一整盤拌麵。

材料（1人份）

食材

陽春麵條	150g	燙熟
豬里肌肉絲	150g	
雞蛋	1 顆	
大蒜	10g	切碎
小黃瓜	20g	切絲
蔥	10g	切絲

調味料

醬油	10cc
太白粉	5g
甜麵醬	15g
糖	5g
米酒	20cc
水	100cc
烏醋	10cc
香油	10cc

Check 備料 MEMO

- 麵條依照包裝上標示時間、自己喜好的軟硬度煮熟即可。
- 雞蛋先在碗中打勻，少許用來醃肉，其餘用來煎做蛋絲。

作 法

1 將豬肉絲、醬油、1/4 顆蛋液、一半米酒、太白粉混合均勻，靜置醃 5 分鐘。Ⓐ

Titan 這樣煮 | 透過攪拌讓肉絲吸收雞蛋跟醬油，吃起來會比較滑口。也可以在醃肉的時候加少許香油，幫忙包住肉絲裡的水分。

2 將剩下的蛋液倒入鍋中，轉動鍋子讓蛋液呈現薄薄一層，煎熟成蛋皮。Ⓑ

Titan 這樣煮 | 如果怕翻面蛋皮破掉，拿個蓋子蓋起來燜熟就可以了。

3 取出煎好的蛋皮，摺起來切成絲備用。Ⓒ

4 鍋中放入醃好的肉絲，炒至 7-8 分熟（顏色轉白、剩少許紅）後取出。Ⓓ

5 同鍋放入蒜碎、甜麵醬炒香，再加入糖、剩下的米酒以及水，稍微收汁後放入炒好的肉絲、烏醋、香油拌勻，即完成京醬肉絲。Ⓔ

Titan 這樣煮 | 甜麵醬炒過後味道較香，但顏色會比較淡。

6 將燙好的麵條裝盤，放上京醬肉絲，再擺上小黃瓜絲、蛋絲、蔥絲即完成。Ⓕ

Titan帶你做！

China

開心酸辣粉

Titan 說故事

上班族最喜歡的，就是連假了，可以連續休息或是玩到併軌好幾天，但，最難過的，當然就屬連假完上班的第一天……懶懶散散的，這就是所謂的「連假症候群」！台灣有間小吃店叫傷心酸辣粉，我想用我的方式重新詮釋這道川味料理，改成一鍋到底、超簡單的「開心版本」幫上班族打打氣，期待下一次的連假到來！

材料（1人份）

食材		
粉絲	2 球	
蔥	5g _ 切蔥花	
辣椒	少許 _ 切片	
花生	15g _ 切碎	

炒豬絞肉		
豬絞肉	100g	
大蒜	10g _ 切碎	
香油	適量	
醬油	5cc	
白胡椒	適量	

湯底		
薑	5g _ 切碎	
辣椒	10g _ 切末	
乾辣椒	5g	
花椒粒	2g	
香油	20cc	
辣豆瓣醬	15g	
芝麻醬	10g	
醬油	5cc	
高湯	300cc	
白胡椒	適量	
糖	適量	
鹽	適量	
烏醋	15cc	

Check 備料 MEMO

辛香料、調味料都可以依照喜歡的口味調整。

作法

1 首先炒豬絞肉。熱鍋下香油、豬絞肉與蒜碎,翻炒到上色,再加入醬油、白胡椒炒到全熟。Ⓐ

Titan 這樣煮 | 香油炒過後香氣更足,但耐熱點不高,不適合大火烹調。

2 接著下湯底材料的香油、薑碎、辣椒末、乾辣椒、花椒粒炒香,再加入辣豆瓣醬、芝麻醬炒勻。Ⓑ

Titan 這樣煮 |
· 乾辣椒炒到膨脹即可,炒太久會有焦苦味。
· 少許芝麻醬可以增添淡淡的甜味與堅果香氣,也可以用花生醬。

3 加入醬油、高湯、白胡椒、鹽、糖煮滾,起鍋前再加入烏醋,即完成湯底。Ⓒ

4 將粉絲放進湯底中煮熟,盛盤後撒上蔥花、辣椒片、花生碎即完成。Ⓓ

Titan 這樣煮 | 直接把粉絲丟進湯裡煮會吸掉比較多湯汁。如果想要比較多湯,可以另外用滾水將粉絲燙熟,再淋上湯底拌勻。

炒碼麵

Titan帶你做！

Titan 說故事

很多人到韓國餐廳都會點味道濃郁的炒碼麵，但這道料理其實不是韓國菜，而是由山東傳出來的。山東話中的「碼」字代表「料」的意思，所以白話一點來說，就是加很多料炒出來的麵。這次，我以台灣人偏好的口味重新詮釋這道料理，關鍵的重點在於用蝦殼煉出的高湯，鮮甜濃郁，你一定會喜歡！

材料（1 人份）

食材		
雞蛋麵	1 捆 _ 燙熟
白蝦	5 尾 _ 去殼，留蝦殼
中卷	40g _ 切片
豬五花肉	30g _ 切絲
薑	10g _ 切碎
大蒜	10g _ 切碎
高麗菜	50g _ 切粗絲
豆芽菜	40g
蔥	10g _ 切絲

調味料	
香油	適量
水	100cc
韓國辣椒醬	20g
米酒	30cc
醬油	10cc
糖	適量
白胡椒	適量

 備料 MEMO

- 炒碼麵沒有固定的配料，喜歡什麼就加什麼，海鮮或肉類都無妨。
- 高麗菜也可以自由替換成大白菜等其他蔬菜。
- 雞蛋麵先燙熟，炒好料後放進去稍微拌炒即可。

作法

1 熱鍋下香油、蝦殼，將蝦殼炒熟後倒入水，滾煮 3-5 分鐘再取出蝦殼，即完成蝦湯備用。Ⓐ

Titan 這樣煮 | 耐心將蝦殼炒到全熟再加水，煉好的蝦湯就不會有腥味。

2 熱鍋下油、薑碎、蒜碎炒香，再放入豬五花肉絲、高麗菜，炒到菜變軟。Ⓑ

3 加入韓國辣椒醬、米酒稍微煮一下，再加入醬油、糖、蝦湯、白胡椒煮勻。Ⓒ

4 放入燙好的雞蛋麵、中卷、白蝦、豆芽菜，蓋鍋蓋煮到海鮮熟了，即可盛盤。Ⓓ

5 最後擺上蔥絲搭配即完成。

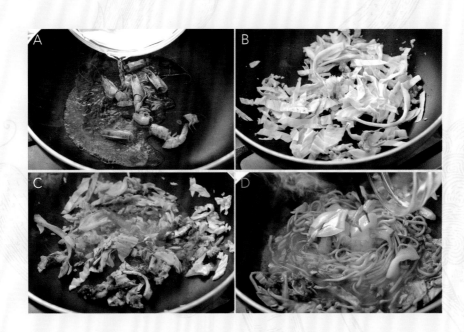

Japan

叉燒醬油拉麵

Titan帶你做！

Titan 說故事

我太太很喜歡吃美食，特別是拉麵。有些人做的叉燒是用五花肉做的，但我太太怕胖，所以我在這道料理是用豬的梅花肉，也就是肩胛肉來製作叉燒。接下來要教大家用最簡單的方式做好叉燒肉，不只這樣，還可以利用它的醬汁，變成好喝的醬油湯底。

材料（1 人份）

拉麵
日式拉麵	1 捆
叉燒肉	3-4 片
水波蛋	1 顆
玉米粒	30g
豆芽菜	40g
海帶芽	5g
蔥	15g _ 切絲
白芝麻	2g
湯頭	依個人口味調整用量

雞高湯
雞骨頭	200g
洋蔥	100g _ 切塊
紅蘿蔔	50g _ 切塊
水	1500cc

叉燒／醬油湯底
豬梅花肉	400g
洋蔥	50g _ 切粗絲
大蒜	30g _ 拍扁
米酒	50cc
醬油	100cc
味醂	50cc
水	1000cc

 備料 MEMO

- 豬梅花先用棉繩綁緊（綁法請參考下頁）。
- 棉繩買綁粽子用的就好了，南北雜貨行或五金行都有。

作法

「綁叉燒」

1 棉繩先在豬肉一端繞一圈，打死結拉緊。Ⓐ

2 接著用手將棉繩繞出一個圈。Ⓑ

3 套到豬肉上，在距離第一圈一小段的地方拉緊。ⒸⒹ

4 反覆以等間距在豬肉上套上一圈一圈的棉繩。Ⓔ

5 最後在尾端多繞兩圈，打結綁緊即可。Ⓕ

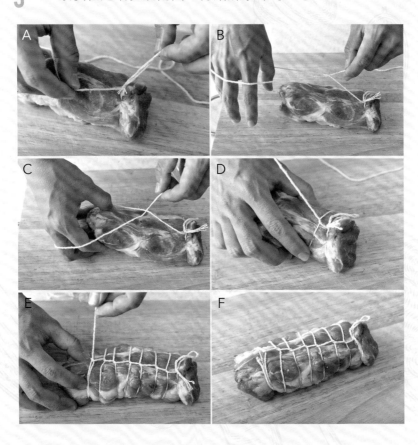

「叉燒 / 醬油湯底」

1 將綁好棉繩的豬梅花肉放入鍋中,用大火四面煎上色,再加入洋蔥絲、大蒜一起炒香。

> **Titan 這樣煮 |** 用棉繩綁是為了定型、外觀好看,口感影響不大。

2 接著加入醬油、味醂、米酒,煨煮 1-2 分鐘。Ⓐ

> **Titan 這樣煮 |** 味醂也可以用 20g 的糖取代。

3 將梅花肉、醬汁和水一起倒入電鍋內鍋,外鍋倒 2 杯水,蒸 45 分鐘。Ⓑ

4 蒸好後取出叉燒切片;過濾食材,做成醬油湯底備用。Ⓒ

「雞高湯」

1 雞骨頭用熱水燙過,去除雜質。取一湯鍋,放入水、紅蘿蔔塊、洋蔥塊、雞骨頭,滾煮 40-60 分鐘。

2 煮好後過濾食材,做成高湯備用。

> **Titan 這樣煮 |** 想要清澈湯頭就開小火滾,一邊撈除雜質。想要濃郁湯頭,就以中火或大火持續滾煮。

「組合」

1 滾一鍋水,將拉麵燙熟後撈出瀝乾,再放入碗中,依序放上海帶芽、豆芽菜、水波蛋、玉米粒、叉燒片。

2 依照「醬油湯底 1:雞高湯 3-4」的比例調出湯頭後煮滾,趁熱沖入拉麵碗中。最後以蔥絲、白芝麻點綴即完成。

日本料理中的靈魂——高湯

　　高湯是料理不可或缺的靈魂，有了好的基底，就等於拿到前往美味的快速通關。高湯種類很多，像是日本人最愛的一番高湯、靠海地區常見的小魚乾高湯，或是拉麵常見的豚骨高湯，每種高湯都有各自的風味。大部分在家自己做其實不難，煮一大鍋起來分裝冷凍，做菜的時候就可以隨時拿出來用，相當方便。

一番高湯

一番高湯換成中文就是「第一次高湯」的意思，是最簡單，卻也最能代表日本料理的經典「昆布柴魚高湯」。先用冷水浸泡昆布後開火，煮到微滾立刻取出昆布再加入柴魚片，然後迅速瀝去柴魚片即完成。鮮甜高雅的風味，和各種料理都很搭。

二番高湯

意指用熬完一番高湯剩餘的食材，加上一些新的柴魚片，再次加熱煮出來的「第二次高湯」，味道比一番高湯更加濃郁。記得柴魚片大約煮 10 分鐘左右就要撈起來，不然會有苦味。

柴魚高湯

將柴魚片泡在熱水中，再將柴魚撈除再製成，很有日本風味的一種高湯，用來做成冷麵、烏龍麵跟海鮮料理都有畫龍點睛的作用。

昆布高湯

單使用昆布製作成的高湯。料理海鮮或肉類等動物性食材時，很適合用昆布本身清雅的味道來提味，吃素的人也很適合。

香菇高湯

以泡過乾香菇的水煮成的高湯，也是中式料理常用的高湯，加一點在料理中，香氣立刻升級。但如果整鍋都是香菇水，味道會變得過濃，所以通常會加在別的高湯裡，或是兌水稀釋。

小魚乾高湯

用煮熟後風乾的小魚熬煮成的高湯，味道濃烈，常用來煮味噌湯，或是口味比較重的料理。小魚乾要買熬湯用的種類，並挑選品質好、沒有破肚的，煮出來才不會有苦味。

雞骨高湯／豚骨高湯

將骨頭先燙過洗乾淨後，放入洋蔥、紅蘿蔔跟些許薑片（也可以加入適量清酒），慢火熬煮（雞骨 3 小時、豚骨 6 小時）到風味釋放。口味溫厚濃醇，用來煮湯或做菜都很適合。

蒜香牛排蓋飯

Titan帶你做！

Titan 說故事

會做這道菜，剛開始是因為很多網友想學牛排怎麼煎，但我又覺得只煎牛排有點單調，所以就想，來做個日式的牛排蓋飯吧！煎牛排其實不難，只要選對部位、用對方式、掌控好生熟度，這塊牛排一定讓人垂涎欲滴，忍不住一口接一口！

材料（1 人份）

食材		
飯	150g	
牛肩胛肉	300g	
大蒜	20g _ 切碎	
蔥	20g _ 切蔥花	

調味料		
鹽	適量	
黑胡椒	適量	
米酒	70cc	
醬油	15cc	
糖	5g	

備料 MEMO

選擇牛排有兩個要點，一是肉質好的部位，除了牛肩胛外，也推薦沙朗、肋眼、牛小排、菲力；二是厚度至少要有 2cm 以上。

作法

1 牛排放在室溫回溫後，撒適量的鹽與黑胡椒調味，靜置 3-5 分鐘。Ⓐ

> **Titan 這樣煮** | 牛排從冰箱取出後，必須先回溫再使用，這樣煎的時候，中心溫度才會滲透進去。

2 鍋中倒油加熱後，放入牛排，兩面各煎 30 秒煎上色，兩側再各煎 20 秒，接著取出放旁邊靜置 1 分鐘。Ⓑ

> **Titan 這樣煮** |
> · 如果油不夠熱，牛排放入鍋子後會降溫、導致水分開始釋出，吃起來沒有焦香的口感，因此必須先把油加熱至快要冒煙，再放肉下去煎。
> · 煎好後靜置一下再切，可以幫助牛排鎖住肉汁，變得更好吃。

3 熱鍋內放入米酒、醬油、糖、蒜碎拌勻，做成醬汁。Ⓒ

4 牛排切塊，放在白飯上面，再淋醬汁、撒蔥花即完成。Ⓓ

Malaysia

叻沙海鮮麵

Titan 帶你做！

Titan 說故事

叻沙在東南亞新馬一帶，是一道非常夯的料理，這次教的是咖哩風味的叻沙。
咖哩叻沙又細分為娘惹、泰國跟加東等不同口味。我這次做的娘惹叻沙，也是
簡單的一鍋煮版本，除了有鮮甜的海鮮料外，裡頭還有炒到香氣十足的辛香料
跟椰奶。湯麵嘛，湯頭當然很重要，簡簡單單，就能做出最美味的湯底。

材料（1人份）

<table>
<tr><td rowspan="11">食材</td><td>油麵</td><td>120g _ 燙過</td></tr>
<tr><td>白蝦</td><td>4 尾</td></tr>
<tr><td>蛤蜊</td><td>6 顆</td></tr>
<tr><td>豆芽菜</td><td>40g</td></tr>
<tr><td>水煮蛋</td><td>0.5 顆</td></tr>
<tr><td>紅蔥頭</td><td>15g _ 切碎</td></tr>
<tr><td>紅辣椒</td><td>10g _ 切碎</td></tr>
<tr><td>大蒜</td><td>10g _ 切碎</td></tr>
<tr><td>薑</td><td>10g _ 切碎</td></tr>
<tr><td>九層塔</td><td>5g</td></tr>
</table>

<table>
<tr><td rowspan="6">調味料</td><td>咖哩粉</td><td>2g</td></tr>
<tr><td>椰奶</td><td>100cc</td></tr>
<tr><td>水</td><td>200cc</td></tr>
<tr><td>米酒</td><td>20cc</td></tr>
<tr><td>鹽</td><td>適量</td></tr>
<tr><td>白胡椒</td><td>適量</td></tr>
</table>

 備料 MEMO

- 九層塔也可以換成香菜。
- 配料換成其他海鮮，或是加入魚丸等火鍋料都可以。

作法

1 鍋中下油，放入紅蔥頭碎、蒜碎、紅辣椒碎炒香，再加入咖哩粉續炒。Ⓐ Ⓑ

Titan 這樣煮 | 辛香料切碎後再炒，香氣釋放得更快。

2 接著放入白蝦、薑碎、蛤蜊炒到 7-8 分熟後，倒入米酒、椰奶、水滾煮。Ⓒ

Titan 這樣煮 | 先下米酒，利用酒的香氣去除海鮮腥味，再下椰奶和水。

3 煮到蝦子熟、蛤蜊開後，先取出備用。再加入鹽、白胡椒調味，即完成湯底。

4 取一個大碗，放入燙過的油麵、豆芽菜以及煮熟的白蝦、蛤蜊，將湯底沖入碗中燙熟豆芽菜，再擺上水煮蛋、九層塔即完成。Ⓓ

海南雞飯

Titan帶你做！

Titan 說故事

這道料理是我的好朋友李易之前很想學的一道菜。我們在飯店煮的時候都是用全雞，但一般在家做菜不太可能用全雞，需要很大的鍋子，而且做出來的量很大。所以我改用帶骨雞腿來做，做成適合家庭的版本。作法非常簡單，想吃海南雞飯再也不用到外面找餐廳，自己就可以動手做啦！

材料（1 人份）

雞腿、雞高湯		
帶骨雞腿	2 隻	
薑	20g	切片
蔥	1 根	
花椒粒	2g	
鹽	1g	
米酒	20cc	
水	1000cc	

飯		
米	100g	
紅蔥頭	10g	
九層塔	2 片	
香油	適量	
雞高湯	100cc	
胡椒粉	適量	
鹽	適量	

醬汁		
蔥	適量	切碎
薑	適量	切碎
鹽	適量	
雞高湯	適量	

Check 備料 MEMO

九層塔可以換成香菜頭。

作法

1 **製作雞高湯：**水煮滾後，放入雞高湯的所有材料，滾煮 2 分鐘讓味道融合。Ⓐ

2 先快速燙過雞腿的外皮，再整隻下鍋滾煮 2 分鐘，接著關火燜 8 分鐘。Ⓑ

Titan 這樣煮｜雞皮先燙過收縮，有助於鎖住肉汁，成品的形狀也會更漂亮。

3 確認雞腿燜熟後取出，放入冰水中冰鎮、避免過熟。煮好雞肉的湯即為雞高湯，留著備用。

Titan 這樣煮｜用牙籤從雞肉最厚的地方戳進去再拔出來，如果沒有流出血水，就表示煮熟了。

4 放涼後用菜刀去除骨頭。先從雞腿中間劃一刀後，沿著腿骨劃一圈，就可以把雞肉剝開來。Ⓒ

5 熱鍋下香油、紅蔥頭炒香後，放入白米炒勻，接著加入 100c.c. 的雞高湯、九層塔、鹽、胡椒調味後，放入電鍋中（外鍋放 1 杯水）蒸熟即可。ⒹⒺ

6 把蔥碎、薑碎、鹽、雞高湯混勻成醬汁。Ⓕ

7 將蒸好的飯盛盤，擺上切片的去骨雞腿肉，最後淋上醬汁，即可一起享用。

Malaysia

福建蝦麵

Titan 說故事

福建蝦麵，是在馬來西亞檳城蠻代表性的一道菜，在新馬一帶，幾乎所有茶餐廳都可以看到它的蹤影。將肉跟海鮮的滋味結合在一起，做成基底的美味醬料，再加上油麵（有的還會加上米粉）一起拌炒，作法很簡單，吃起來卻是大大的滿足啊！

材料（1人份）

食材

油麵	1 包	燙熟
豬五花肉	80g	切絲
白蝦	6 尾	去頭去殼
雞蛋	1 顆	
芥藍菜	60g	切段
豆芽菜	60g	
韭菜	40g	切段

調味料

蝦湯	150cc
蠔油	適量
醬油	適量
魚露	10cc
糖	適量
白胡椒	適量

Check 備料 MEMO

- 油麵先用熱水燙過。
- 雞蛋在碗中打勻。
- 沒有蝦湯用水也可以，但蝦湯的香氣和味道都較濃郁。

作 法

1　把豬五花肉絲放入鍋中，炒到逼出油來。Ⓐ

2　加入蝦仁，稍微煎到約 5 分熟後，取出備用。

3　接著加入雞蛋拌炒，並加入蝦湯、蠔油、醬油、魚露、糖、白胡椒調味。Ⓑ

4　再加入燙過的油麵，攪拌至收汁。Ⓒ

5　最後加入芥藍菜、豆芽菜、韭菜稍微拌炒，再放入蝦仁即可起鍋。Ⓓ

Titan 這樣煮 | 起鍋前也可以淋點香油，增加香氣。

三 泰式炒河粉

Titan 說故事

其實，這是我在出社會後學的第一道泰式料理。這道菜非常需要鍋氣，才會炒得好吃！我裡面放的材料也跟我第一次學的時候一樣，就是我記憶中的味道。當然，每個人印象中的炒河粉可能不太相同，但沒關係，只要調味料抓對了，拌炒的過程做好，我相信，大家都可以炒出一盤像樣的河粉。

材料（1 人份）

食材

河粉	90g	泡冷水 30 分鐘
白蝦	6 尾	去殼與腸泥
雞蛋	1 顆	
蝦米	10g	泡水
蘿蔔乾	15g	泡水
豆乾	20g	切丁
豆芽菜	30g	
韭菜	20g	切段
九層塔	適量	
花生	適量	切碎

調味料

醬油膏	10g
魚露	20cc
椰糖	20g
辣椒粉	適量
檸檬汁	1/4 角

Check　備料 MEMO

- 乾河粉要先泡水泡軟，如果是濕河粉就不用。
- 蝦米、蘿蔔乾泡開後取出瀝乾。泡蝦米的水保留備用，不要丟掉。
- 九層塔可以用香菜代替。
- 沒有椰糖可以用一般砂糖。

作法

1　將醬油膏、魚露、椰糖、辣椒粉混合成醬汁備用。Ⓐ

2　熱鍋下油，打入雞蛋後拌炒成蛋花，再下蝦米、蘿蔔乾、
　　豆乾丁、河粉、少許蝦米水，炒到河粉軟化收汁。ⒷⒸ

3　加入步驟1的醬汁、豆芽菜、韭菜、蝦仁，炒到蝦仁熟化，
　　起鍋前再擠入檸檬汁即可。Ⓓ

4　盛盤，擺上九層塔、花生碎做裝飾即完成。

CHAPTER

3

一上桌就掃光！
適合全家人的
「家常料理」

Brazil

巴西黑豆燉肉

Titan帶你做！

Titan 說故事

學做這道菜的起源，是世界盃足球賽。當時四年一度的足球賽開踢，因為我個人支持巴西隊，剛好又有個朋友是巴西華僑，我就請他教我一道巴西傳統料理，結果學到了黑豆燉肉。據說黑豆燉肉以前其實是給階層較低的奴隸吃的，因為方便又有飽足感，煮一大鍋就可以讓大家一起享用，沒想到後來漸漸成了巴西當地的家庭料理。而這道菜，也是「料理123」主管最愛吃的一道菜。

材料（2人份）

食材

豬梅花肉	300g	切塊
培根	1 片	切條
德式香腸	2 根	切段
洋蔥	100g	切碎
大蒜	20g	切碎
番茄	1 顆	切丁
黑豆罐頭	1 罐	
馬鈴薯	1 顆	切絲，泡水
白飯	1 碗	

調味料

初榨橄欖油	50cc
水	1000cc
月桂葉	1 片
孜然粉	0.5g
鹽	適量
黑胡椒	適量

備料 MEMO

- 正統是用西班牙臘腸，也可以換成其他西式香腸。
- 如果不是用黑豆罐頭，生黑豆建議先泡水一個晚上，在步驟 2 時就入鍋。
- 買不到黑豆沒關係，花豆、紅腰豆也可以。
- 初榨橄欖油味道較好，沒有的話就折衷一下，換成其他食用油。

作 法

1 鍋中倒橄欖油，放入洋蔥碎不停拌炒，炒至呈焦糖色。Ⓐ

2 加入豬梅花肉續炒至上色後，再加入培根稍微煎上色，並放入番茄丁、蒜碎、香腸拌炒。Ⓑ

Titan 這樣煮 | 如果用新鮮的黑豆，在這裡就要加進去拌炒到出現香氣。

3 接著加入水、月桂葉、孜然粉，水滾後轉小火，蓋上蓋子燉煮約 40 分鐘。

4 煮好後開蓋，加入黑豆罐頭、鹽跟胡椒調味，即完成黑豆燉肉。

5 馬鈴薯絲瀝乾水分後，用油溫 170℃的熱油鍋炸到酥脆，炸好後撈起。Ⓒ

6 把白飯跟馬鈴薯絲拌勻後盛盤，旁邊再擺上黑豆燉肉，就可以開吃啦！Ⓓ

墨西哥肉醬薯泥

Titan 說故事

我以前在飯店工作時,很喜歡在薯泥上淋各種醬汁,起司醬、
肉濃汁(Gravy)、番茄醬汁等等……,其中最受歡迎的就是墨
西哥肉醬。香濃的肉香味,搭配上蔬菜清爽的甜度,還有微辣
的墨西哥辣椒跟少許香料,一同淋在薯泥上,軟綿的口感和有
嚼勁的肉醬一起送入口中,真的是相得益彰啊!

材料(2人份)

食材		
牛絞肉	200g	
洋蔥	30g	_ 切碎
紅蘿蔔	20g	_ 切碎
西芹	20g	_ 切碎
青椒	20g	_ 切碎
墨西哥辣椒	15g	_ 切碎
大蒜	10g	_ 切碎
去皮番茄罐頭	100g	_ 切碎
馬鈴薯	1顆	_ 蒸熟搗成泥

調味料	
紅葡萄酒	40cc
水	100cc
匈牙利紅椒粉	1g
辣椒粉	1g
孜然粉	1g
鹽	適量
黑胡椒	適量
無糖鮮奶油	30cc
無鹽奶油	15g

Check 備料 MEMO

馬鈴薯要蒸到夠熟夠軟,才有辦法搗成泥。

作法

1 馬鈴薯趁熱用湯匙搗成泥，加入鮮奶油跟無鹽奶油拌勻後，加鹽調味。Ⓐ

2 熱鍋下牛絞肉炒香，放入蒜碎、洋蔥、紅蘿蔔、西芹、青椒續炒。Ⓑ

3 之後放入墨西哥辣椒，倒入紅葡萄酒燒，加入去皮番茄、水、匈牙利紅椒粉、辣椒粉跟孜然粉，滾後轉小火續煮約15分鐘，最後用鹽和黑胡椒調味。Ⓒ

4 將薯泥盛盤，再附上肉醬即可。Ⓓ

United States

起司牛肉球

Titan 說故事

絞肉是一種非常容易塑形的食材，只要利用摔打打出筋性，就可以做成任何你想要的形狀。我這次做的是牛肉球，炒過的絞肉加上香料，再以牛奶、麵包粉增加潤滑及黏著度，包裹入濃郁的起司，超級美味！內餡特意選擇起司片而不是絲，因為起司片比較好包，而且耐熱度也稍高，不用擔心牛肉球「露餡」。

材料（2 人份）

食材
牛絞肉	300g
培根	20g _ 切碎
洋蔥	30g _ 切碎
大蒜	10g _ 切碎
起司片	3 片 _ 切丁
起司絲	50g

調味料
麵包粉	20g
牛奶	20cc
鹽	適量
黑胡椒	適量
荳蔻粉	1g
巴西里	5g _ 切碎

 備料 MEMO

起司片和起司絲烤過後的香氣不同，同時使
用兩種起司，更能帶出豐富的層次感。

作 法

1 鍋子燒熱，放入培根、洋蔥跟蒜碎炒香後取出。Ⓐ

2 將步驟 1 的炒料和麵包粉、牛奶拌勻。Ⓑ

3 接著再和牛絞肉混合，加入鹽、黑胡椒粉、荳蔻粉調味後，拌到出現黏性。Ⓒ

Titan 這樣煮｜炒料先和牛奶拌勻、降溫後再放入牛絞肉，避免牛肉因為溫度過高變熟。

4 取適量絞肉壓成圓餅狀，中間包入切成丁的起司片，再搓成圓球。Ⓓ

5 將牛肉球依序排入烤盤，上方鋪上起司絲，放入烤箱以180℃烤 8 分鐘。Ⓔ

6 取出後撒上巴西里碎即完成。Ⓕ

南蠻雞

Titan帶你做！

Titan 說故事

南蠻雞是日本宮崎縣發明的菜餚，利用醋漬的方式，讓原本無味的炸皮表層多一個新的風味在裡頭，也能達到解膩的效果。不只這樣，如果還是覺得味道不足，再加一個西式元素的塔塔醬進來，絕對能滿足味蕾的需求。現在，就算沒有去日本玩，也可以自己在家做出這道經典料理啦！

材 料（2人份）

食材		
去骨雞腿肉	1 片 _ 切大丁	
綜合生菜	60g	
高筋麵粉	40g	

醃料		
鹽	適量	
白胡椒	適量	
辣椒粉	適量	
米酒	20cc	
雞蛋	0.5 顆	

醬汁		
乾辣椒	5g _ 切段	
薑	5g _ 切碎	
醬油	20cc	
味醂	20cc	
白醋	20cc	
糖	10g	

塔塔醬		
美乃滋	50g	
水煮蛋	1 顆 _ 切碎	
洋蔥	20g _ 切碎	
巴西里	3g _ 切碎	

備料 MEMO

雞蛋先在碗中打勻成蛋液。

作法

1 雞肉與鹽、白胡椒、辣椒粉、米酒、蛋液稍微拌勻後，靜置一會兒略醃。Ⓐ

2 把醃好的雞肉裹上高筋麵粉，放入烤箱以 180℃烤 12 分鐘，至金黃上色。ⒷⒸ

Titan 這樣煮 | 也可以用 160℃的油溫炸 6 分鐘，但在家裡起油鍋麻煩，用烤的比較方便。

3 將醬汁的所有材料（醬油、味醂、白醋、糖、薑、乾辣椒）放入鍋中煮滾。Ⓓ

4 混合塔塔醬的所有材料（美乃滋、水煮蛋、洋蔥碎、巴西里碎）。Ⓔ

5 將烤好的雞肉放入煮好的醬汁中，沾大約 10-15 秒，拌勻後取出擺盤。Ⓕ

6 最後附上綜合生菜，淋上醬汁跟塔塔醬即完成。

香煎雞肉丸子

Titan帶你做！

Titan 說故事

如果問我在料理 123 的節目上做過哪些料理，我可能答不出來，但這道料理，我絕對不會忘記，因為它是我跟我弟弟合力完成的一道菜。從搓揉丸子、燙熟、入鍋煎，再加上醬汁，雖然工法有那麼一點點麻煩，但做完吃到時的成就感，絕對讓你覺得付出的一切都很值得。

材料（2人份）

食材		
雞胸肉	300g _ 切丁	
青蔥	10g _ 切蔥花	
紅蘿蔔	10g _ 切碎	
洋蔥	10g _ 切碎	
大蒜	5g _ 切碎	
柴魚片	適量	
海苔粉	適量	
美乃滋	20g	

調味料	
雞蛋	1/4 顆 _ 打勻
玉米粉	10g
鹽	1g
白胡椒	適量

醬汁	
水	60g
米酒	30cc
醬油	60cc
味醂	30cc
糖	15g
薑	3g _ 切末

工具	
竹籤	數根

作法

1 在調理機中放入雞胸肉、鹽、蛋液、玉米粉、白胡椒，一起打勻成肉泥。 Ⓐ

> **Titan 這樣煮** | 肉和鹽一起攪打時會出水變黏稠，之後再加其他食材，口感更 Q 彈。

2 將雞肉泥與蔥、紅蘿蔔、洋蔥、大蒜拌勻，捏成球狀。 Ⓑ

3 取一鍋水煮滾後，開小火，放入捏好的雞肉丸燙熟。 Ⓒ

> **Titan 這樣煮** | 當雞肉丸浮出水面時就表示熟了，可以熄火。

4 將燙熟的雞肉丸用竹籤串起來，一串大約 3-4 顆。接著放入鍋中煎上色，並加入醬汁的材料（水、醬油、米酒、味醂、糖、薑）一起煮。 Ⓓ

5 擺盤後擠上美乃滋，撒上柴魚片跟海苔粉即完成。

▢ 沙嗲羊肉串

Titan帶你做！

Titan 說故事

這一道菜在印尼、新加坡、馬來西亞跟印度都很受
歡迎，為了讓大家在家裡好做，我用了比較簡單的
方式呈現。一般正統的沙嗲醬，裡面會包含辣椒醬、
花生醬、椰奶跟許多辛香料去熬煮，所以我稍微改
了作法，不需要加這麼多東西。當然，除了羊肉，
和雞肉、牛肉也非常對味。

材料（2人份）

食材	羊肩肉————200g _ 切塊

醃料	薑黃粉————1g
	孜然粉————1g
	大蒜————10g
	紅辣椒————5g
	嫩薑————5g
	香菜————5g
	米酒————30cc

醬汁	美乃滋————30g
	泰式甜雞醬————10g
	薑黃粉————1g

工具	竹籤————數根

備料 MEMO

羊肉通常大市場才有買，但超市買得到切好
的冷凍羊肉塊，快速又方便。

作 法

1 將醃料的所有材料（薑黃粉、孜然粉、大蒜、紅辣椒、嫩薑、香菜、米酒）放入調理機裡打勻。Ⓐ

2 羊肉用醃料混勻後醃 30 分鐘，再用竹籤串起。Ⓑ

3 熱鍋後將羊肉串煎上色至想要的熟度。Ⓒ

4 混合美乃滋、泰式甜雞醬、薑黃粉做成醬汁，和羊肉串一起盛盤即完成。Ⓓ

China

花椒燒蛋

Titan帶你做！

Titan 說故事

這道菜我個人滿愛的，雖然我不太能吃辣，但我很喜歡吃半熟的煎蛋。
把蛋打入高溫的鍋內，那種蓬鬆又恰恰的口感跟美妙的聲音，都會讓我
念念不忘。這道菜的醬汁有點類似魚香的作法，和半熟蛋融合在一起非
常完美，美味的程度絕對是一加一大於二。

材料（2人份）

<table>
<tr><td rowspan="2">食材</td><td>雞蛋</td><td>4 顆</td></tr>
</table>

淋醬		
	豬絞肉	60g
	大蒜	10g _ 切碎
	辣椒	2 根 _ 切末
	朝天椒	1 根 _ 切末
	花椒粒	3g
	蔥	10g _ 切蔥花
	米酒	40cc
	醬油膏	20cc
	辣椒粉	2g
	糖	適量
	白胡椒	適量
	水	100cc

 備料 MEMO

- 朝天椒辣度高，不敢吃太辣的話可以省略。
- 雞蛋先全部打入碗中，一次煎好即可。

作法

1 熱鍋下油燒熱，放入雞蛋半煎炸，煎到兩面都金黃上色後取出備用。Ⓐ

Titan 這樣煮|
· 鍋裡的油要稍微多一些，蛋才會膨起來，外圍吃起來有焦香感。蛋黃盡量不要弄破。
· 翻面的時候可以拿個盤子輔助，先翻到盤子上，再推回鍋子裡。

2 在同一個鍋子裡放入豬絞肉、5g 蒜碎、辣椒末、朝天椒末、花椒粒炒香。Ⓑ

3 接著加入米酒、醬油膏、辣椒粉、糖、白胡椒、水調味，起鍋前再加 5g 蒜碎拌勻，淋到蛋上後撒上蔥花即可。Ⓒ

A

B

C

China

水煮牛

Titan帶你做！

Titan 說故事

我發現喜歡吃辣的台灣人越來越多，而這道水煮牛，也是道地的四川料理。雖然叫「水煮」，其實一點也不清淡，只是因為牛肉是煮熟而非油炒。因為川菜裡許多料理都需要過油，所以，以當時來說，這道菜算是一個創舉。作法不難，只要把香氣跟麻度慢慢一層一層堆疊上來，那散發出來的味道，便讓人回味無窮。

材料（2 人份）

食材

牛五花肉片	300g
乾辣椒	20g _ 切段
花椒粒	5g
蒜苗	2 根 _ 切斜段
青江菜	5 根 _ 去頭切段
大蒜	20g _ 切片
薑	15g _ 切片
香菜	10g _ 切段

醃料

雞蛋	0.5 顆
醬油	15cc
太白粉	20g
白胡椒	適量

調味料

辣豆拌醬	40g
糖	適量
米酒	50cc
醬油	15cc
水	200cc
香油	適量
鹽	適量

備料 MEMO

- 醃料用的粉，選太白粉或玉米粉都可以。
- 雞蛋先在碗中打勻成蛋液。
- 我本身不耐辣，喜歡吃辣的人可以多放新鮮辣椒。

作法

1 牛五花肉片和蛋液、醬油、白胡椒、太白粉混合後,靜置一會兒略醃備用。Ⓐ

2 製作花椒油。鍋中倒入香油跟沙拉油(比例各半),放入乾辣椒與花椒粒,以小火煸香後取出,將花椒油和乾辣椒、花椒粒分開備用。Ⓑ

> **Titan 這樣煮|**
> ·香油比較不耐熱,混合沙拉油後可以提高沸點。
> ·辣椒避免用大火爆炒,以免焦掉變苦。

3 同鍋放入青江菜、蒜苗炒熟後,取出鋪在容器內。Ⓒ

4 用步驟 2 的花椒油煸香薑片、蒜片,放入辣豆瓣醬、糖炒香,再加入米酒略煮後,加醬油、鹽、水續煮 2 分鐘,接著轉小火涮牛肉片,肉熟後放到鋪好青菜的容器上。Ⓓ

> **Titan 這樣煮|** 辣豆瓣醬和醬油本身已有鹹味,如果味道夠就不必再加鹽。

5 把煸花椒油的乾辣椒和花椒粒稍微剁碎,放到肉片上。再淋上燒熱的花椒油、擺上香菜,完成。Ⓔ

葡國雞翅

Titan帶你做！

Titan 說故事

大家都知道，澳門曾經被葡萄牙佔領過，所以在澳門會常常吃到來自葡萄牙的菜。錄節目時會想做這道菜，是因為剛好有位網友想吃雞翅，另一位網友想吃咖哩，於是我就把兩者融合在一起，衍生出這道澳門的代表性料理。像這種燉菜類，做好後放冰箱，隔天更好吃喔！

材料（2 人份）

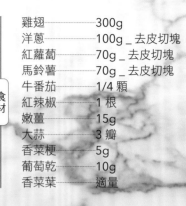

食材

雞翅	300g	
洋蔥	100g	去皮切塊
紅蘿蔔	70g	去皮切塊
馬鈴薯	70g	去皮切塊
牛番茄	1/4 顆	
紅辣椒	1 根	
嫩薑	15g	
大蒜	3 瓣	
香菜梗	5g	
葡萄乾	10g	
香菜葉	適量	

調味料

椰奶	1 罐
咖哩粉	3g
薑黃粉	1g
鹽	適量
白胡椒	適量
糖	適量

備料 MEMO

- 雞翅用二節翅或三節翅都可以，這裡只使用肉多的棒棒腿和中段小雞翅。
- 咖哩粉 1g 用在醬汁，1g 用在拌炒時，小心不要一次全下完。

123

作法

1 雞翅劃刀，加入少許咖哩粉、鹽、白胡椒、少許食用油，用手稍微抓揉後備用。Ⓐ

2 用調理機將椰奶、嫩薑、大蒜、紅辣椒、牛番茄、香菜梗、少許咖哩粉、薑黃粉打成醬汁。Ⓑ

3 取一炒鍋下油燒熱，將雞翅兩面煎上色，再放入洋蔥、紅蘿蔔炒香，接著放入剩下的咖哩粉拌炒，加入馬鈴薯。Ⓒ

Titan 這樣煮 | 雞皮先煎到雞油釋放出來，之後用雞油炒蔬菜就會更香。想要顏色更深，可以再加少許薑黃粉。

4 將打好的醬汁倒入鍋中，轉小火煨煮約 5 分鐘，最後用白胡椒與鹽、糖調味。裝盤後撒上香菜葉、葡萄乾即可。Ⓓ

Titan 這樣煮 |
· 此時馬鈴薯還保有脆口感，如果喜歡鬆軟就煮久一點，或是用餘溫燜。
· 燉煮類料理建議放至隔天再享用，不僅雞翅更入味，蔬菜也更軟化可口。

Thailand

椒麻雞

Titan帶你做！

Titan 說故事

泰國是四季如夏的國家，因為非常非常熱，熱到味覺幾乎都快喪失了，所以在口味上會吃的比較重。我在專科畢業旅行時去了泰國，那是我第一次去，我永遠不會忘記剛出機場時，一陣風吹過來竟然是熱的，超級悶熱。因為氣候差異的關係，真正道地的泰國菜對台灣人來說可能有點重，我稍微做了改良，讓這道菜更接近台灣人的口味。

材料（2 人份）

<table>
<tr><td rowspan="3">食材</td><td>去骨雞腿肉</td><td>2 隻</td></tr>
<tr><td>高麗菜</td><td>30g _ 切絲</td></tr>
<tr><td>高筋麵粉</td><td>30g</td></tr>
</table>

<table>
<tr><td rowspan="3">調味料</td><td>薑</td><td>5g _ 磨泥</td></tr>
<tr><td>鹽</td><td>適量</td></tr>
<tr><td>白胡椒</td><td>適量</td></tr>
</table>

<table>
<tr><td rowspan="8">醬汁</td><td>水</td><td>30cc</td></tr>
<tr><td>醬油</td><td>30cc</td></tr>
<tr><td>白醋</td><td>30cc</td></tr>
<tr><td>糖</td><td>5g</td></tr>
<tr><td>紅辣椒</td><td>10g _ 切碎</td></tr>
<tr><td>大蒜</td><td>10g _ 切碎</td></tr>
<tr><td>香菜段</td><td>5g</td></tr>
<tr><td>花椒粒</td><td>2g _ 切碎</td></tr>
</table>

備料 MEMO

- 花椒粒切碎後香氣會比較出來。
- 香菜段上的葉子可以保留下來做裝飾。

作法

1 在雞腿肉上劃刀後，用薑泥、鹽、白胡椒抓醃，稍微靜置一下。Ⓐ

> **Titan 這樣煮**｜
> ・先在雞肉表面劃刀，可以幫助醬汁入味，而且更快熟。
> ・薑泥有助於讓雞肉在烹調過程中不易焦掉，味道也較容易滲透進去。

2 鍋中下少許油燒熱，將雞腿兩面沾上薄薄的高筋麵粉後，放入鍋中煎熟至兩面上色，即可取出切片。Ⓑ

3 混合醬汁的所有材料（水、醬油、白醋、糖、紅辣椒碎、蒜碎、香菜段、花椒碎）。Ⓒ

4 最後在盤子上用高麗菜絲鋪底，放上煎好的雞腿排，再淋上醬汁、擺上香菜裝飾即完成。

CHAPTER
4

隨時隨地都想吃！
好友同歡的
「派對野餐輕食」

Italy

🇮🇹 瑪格麗特披薩

Titan帶你做！

Titan 說故事

這道料理在拿坡里沒有人不知道。起源是一位廚師
在為王妃瑪格麗特做菜時，靈機一動創作出來的，
裡面的番茄、莫札瑞拉起司跟羅勒葉三個顏色，剛
好跟義大利國旗的顏色一樣，所以也被義大利人稱
為「國旗 Pizza」。一般我們在做 Pizza，上面想加
什麼就加什麼，不過如果要做瑪格麗特披薩，還是
必須照著食譜來，不然就走鐘了！

130

材 料（2人份）

披薩餅皮			醬料		
高筋麵粉	150g		去皮番茄罐頭	100g _ 切碎	
低筋麵粉	150g		洋蔥	20g _ 切碎	
橄欖油	20cc		大蒜	10g _ 切碎	
乾酵母	3g		橄欖油	10cc	
鹽	6g		鹽	適量	
水	150cc		黑胡椒	適量	

披薩餅皮
- 高筋麵粉　　150g
- 低筋麵粉　　150g
- 橄欖油　　　20cc
- 乾酵母　　　3g
- 鹽　　　　　6g
- 水　　　　　150cc

醬料
- 去皮番茄罐頭 100g _ 切碎
- 洋蔥　　　　20g _ 切碎
- 大蒜　　　　10g _ 切碎
- 橄欖油　　　10cc
- 鹽　　　　　適量
- 黑胡椒　　　適量

配料
- 牛番茄　　　1 顆 _ 切片
- 莫札瑞拉起司 80g
- 起司絲　　　40g
- 九層塔葉　　10g

備料 MEMO

- 配料正統是用羅勒葉，但台灣九層塔比較好買，可以相互代替。
- 莫札瑞拉起司可以買整塊再切片，或是直接購買起司片。

作法

1 將披薩餅皮的所有材料均勻混合成麵團，表面蓋沾濕的紙巾，靜置發酵 30 分鐘後，取出麵團整形成長條狀，再切割成二等分後滾圓，做二次發酵 30 分鐘。Ⓐ

2 均勻混合醬料的所有材料（切碎的去皮番茄、洋蔥、大蒜、橄欖油、黑胡椒、鹽）。Ⓑ

3 將發酵後的麵團先用手沿著邊緣拉開，再用擀麵棍擀成圓餅狀，放在烤盤上。Ⓒ

> **Titan 這樣煮** | 我習慣把餅皮直接放在烤盤背面烤，烤完後直接推到盤子上，比較方便。

4 在餅皮中間塗抹一層醬料（餅皮邊緣保留 1-2 公分不抹醬），再撒上起司絲、番茄片跟莫札瑞拉起司，放入烤箱以 230℃烤 8 分鐘，取出後撒上九層塔葉即完成。Ⓓ

牧羊人派

Titan帶你做！

Titan 說故事

這道英國傳統的經典料理，非常簡單也非常好吃，雖然叫派，但
不用做派皮，只需要一個裝派的容器，就可以輕鬆完成。咬下去
的時候，上層微焦的薯泥綿密又扎實，配上主軸的絞肉加起司，
那種相輔相成的絕佳口感，絕對讓你一口接著一口。

134

材料（2人份，6吋派模）

<table>
<tr><td rowspan="13">肉醬</td><td>豬絞肉</td><td>150g</td></tr>
<tr><td>培根</td><td>1 片 _ 切碎</td></tr>
<tr><td>洋蔥</td><td>25g _ 切碎</td></tr>
<tr><td>紅蘿蔔</td><td>25g _ 切碎</td></tr>
<tr><td>西芹</td><td>25g _ 切碎</td></tr>
<tr><td>牛番茄</td><td>75g _ 切丁</td></tr>
<tr><td>白酒</td><td>25cc</td></tr>
<tr><td>水</td><td>25cc</td></tr>
<tr><td>月桂葉</td><td>1 片</td></tr>
<tr><td>百里香</td><td>1g</td></tr>
<tr><td>鹽</td><td>適量</td></tr>
<tr><td>白胡椒</td><td>適量</td></tr>
</table>

<table>
<tr><td rowspan="6">馬鈴薯泥</td><td>馬鈴薯</td><td>1 顆 _ 蒸熟</td></tr>
<tr><td>無鹽奶油</td><td>15g</td></tr>
<tr><td>無糖鮮奶油</td><td>15cc</td></tr>
<tr><td>鹽</td><td>適量</td></tr>
<tr><td>白胡椒</td><td>適量</td></tr>
<tr><td>荳蔻粉</td><td>0.5g</td></tr>
</table>

<table>
<tr><td rowspan="2">其他材料</td><td>起司絲</td><td>40g</td></tr>
<tr><td>巴西里</td><td>1 朵 _ 切碎</td></tr>
</table>

備料 MEMO

- 此處製作的是 6 吋大小，如果要做大一點的 12 吋，直接把分量加倍即可。
- 巴西里為最後裝飾用，有助提升香氣，沒有的話也可以用喜歡的香草代替。

作法

1 製作肉醬。先將豬絞肉放入鍋中炒香至上色，再放入洋蔥、紅蘿蔔、西芹跟培根續炒。接著加白酒燒一下，再放入番茄丁跟水、月桂葉、百里香，以小火燉煮約 8 分鐘至水分收乾。最後再加點鹽、白胡椒調味。Ⓐ

Titan 這樣煮 ｜ 加入培根一起炒，可以讓肉醬多一股煙燻香味。

2 製作馬鈴薯泥。馬鈴薯趁熱搗碎過篩，加入無糖鮮奶油跟無鹽奶油攪拌均勻後，再加入鹽跟白胡椒調味，並加點荳蔻粉提香後，裝入擠花袋內。Ⓑ

Titan 這樣煮 ｜ 馬鈴薯必須壓碎到沒有結塊的狀態才能使用，過篩後口感更細緻。如果覺得太硬不好擠，可以再加少許牛奶拌勻。

3 準備一個圓形的平底容器（或 6 吋派模），鋪滿肉醬後，再鋪上起司絲。Ⓒ

4 在最上層以螺旋狀由內往外擠上馬鈴薯泥，放入烤箱以180℃烤約 7 分鐘至表面金黃上色，取出後撒上巴西里碎做裝飾即完成。Ⓓ

Titan 這樣煮 ｜ 派中間的內餡也可以加入少許喜歡的蔬菜，增添風味。

辣味松阪豬溫沙拉

Titan帶你做！

Titan 說故事

沙拉在大家的印象中都是冷食，到了冬天不是喝熱湯啊，就是吃火鍋。所以我這次特地做了溫沙拉，很適合天氣比較涼的時候、或是不愛吃生菜的人吃。這道溫沙拉的主角是松阪豬（也就是豬頸肉），先煎上色後再拌入醬汁，配上剛燙好的蔬菜，讓大家吃得滿足又健康！

材 料（2 人份）

食材

松阪豬	1 片	
玉米條	0.5 根	
小番茄	2 顆 _ 切對半	
綠花椰	70g _ 切小朵，燙熟	
洋蔥	10g _ 切絲，泡水	

醬汁

辣椒醬	10g
番茄醬	10g
糖	2g
美乃滋	60g

醃料

鹽	適量
白胡椒	適量
孜然粉	1g
油	適量

作 法

1 玉米燙熟後，去掉中間的芯、切片。Ⓐ

2 松阪豬切成約 1 公分厚的斜片，加入鹽、白胡椒、孜然粉拌勻略醃後，再加點油拌勻。Ⓑ

3 取一平底鍋燒熱後，放入豬肉片煎熟到兩面上色。Ⓒ
Titan 這樣煮 | 松阪豬的口感帶有脆度，不用擔心煎久過老，煎到邊緣金黃上色才好吃。

4 混勻醬汁所有材料（辣椒醬、番茄醬、糖、美乃滋）後，將醬汁與煎過的豬肉片攪拌拌勻，和所有食材一起盛盤即完成。Ⓓ

United States 南瓜派

Titan 說故事

美國人很愛吃派，不管鹹甜都愛，尤其在萬
聖節時，這個南瓜派是一定要吃的，有點像
我們端午節吃粽子、中秋節吃月餅的概念。
它的工序有一點點複雜，我會建議大家多做
幾個派皮，烤好上色後放到冷凍，這樣要吃
的時候只要將派皮回到室溫，填入內餡送烤
箱就可以了。

材料（2人份，6吋派模）

派皮
低筋麵粉————125g _ 過篩
細砂糖————30g
無鹽奶油————50g _ 室溫軟化
雞蛋————1 顆

內餡
南瓜————250g _ 去皮切塊，蒸熟
細砂糖————40g
雞蛋————1 顆
無糖鮮奶油————125cc
肉桂粉————1g

裝飾&其他
巧克力醬————20g
豆類————適量

備料 MEMO

* 豆類是用在烤派皮的時候壓在上面，避免派皮膨脹。
  用烘焙石或任何豆類都無所謂。
* 蒸熟的南瓜用湯匙壓成泥。

作法

1 先將無鹽奶油捏軟後，加入過篩的低筋麵粉、細砂糖、蛋液拌勻成團，用保鮮膜包起來，放冰箱冷藏 30 分鐘。Ⓐ

Titan 這樣煮 | 用壓拌的方式攪拌，不要過度搓揉以免油水分離。

2 在桌面撒一些麵粉，取出麵團用擀麵棍擀平鋪在派模上，並切去多餘邊緣，底部用叉子戳幾個洞。在派皮上鋪一層烘焙紙，倒入綠豆鋪滿，放烤箱以 180℃ 烤 10 分鐘，取出後移除綠豆，再烘烤 5 分鐘，即完成派皮。Ⓑ

3 均勻混合內餡所有食材（南瓜、雞蛋、細砂糖、肉桂粉、無糖鮮奶油）。Ⓒ

4 將內餡倒入烤好的派皮中，表面用巧克力醬畫線裝飾，再放進烤箱以 170℃ 烤 25 分鐘即完成。Ⓓ

Titan帶你做！

United States
🇺🇸 龍蝦三明治

Titan 說故事

　　龍蝦三明治非常具有美式風格的氣派與爽爽。一聽到龍蝦，除非不吃海鮮的人，不然一定都會像失心瘋般雀躍起來。高級的食材就算做成平易近人的三明治，看起來依然是豪華版。一口咬下，麵包的軟綿、龍蝦的扎實與甜味，再配上爽口的生菜，當然當然，還有讓這一切完美融合的特調醬汁，無敵滿足！

材料（2人份）

食材
大亨堡麵包	2 個
龍蝦	1 隻
火焰生菜	2 片
檸檬	1/2 顆
無鹽奶油	15g

醬料
美乃滋	30g
蝦卵	10g
辣根醬	10g
蔥	5g＿切蔥花
鹽	適量

Check 備料 MEMO

火焰生菜可以換成其他各種生菜。

作法

1 準備一鍋熱水放入龍蝦與檸檬（稍微擠出汁再放入），煮滾後轉小火煮 6-7 分鐘，再撈出泡冰水 3 分鐘。Ⓐ

2 取出龍蝦肉。將龍蝦翻到背面，用剪刀從腳下方插入殼和龍蝦肉間，往上提讓上半部的殼掀起，接著沿著背面兩側把殼剪開後，拔下龍蝦殼，就能輕鬆取出龍蝦肉。Ⓑ

3 熱鍋下無鹽奶油融化，放進剖半的大亨堡麵包，將兩面煎至上色。Ⓒ

4 把取出的龍蝦肉切成片，掉下來的碎肉不要丟掉。Ⓓ

5 將龍蝦碎肉和美乃滋、蝦卵、辣根醬、鹽以及蔥花，混合成醬料。Ⓔ

Titan 這樣煮 | 較大塊、形狀完整的龍蝦肉留著擺麵包上，其他做醬料，完全不浪費。

6 在大亨堡麵包上依序擺上生菜、醬料、龍蝦肉即完成。Ⓕ

Titan 這樣煮 | 還可以搭配炸薯條一起享用。將馬鈴薯切條後泡鹽水 10 分鐘，水煮 2 分鐘再炸至酥脆。

Mexico

墨西哥雞肉捲餅

Titan帶你做！

Titan 說故事

我個人覺得捲餅非常容易上手，無論是雞肉、豬肉、牛肉，甚至海鮮，都可以包在裡面，搭配上以酪梨、番茄為主的莎莎醬，真是一絕。現在很多人喜歡的露營跟野餐，這道料理也很適合。如果吃膩漢堡或麵包，捲餅或許是個不錯的選擇。

材料（2人份）

食材
- 墨西哥餅皮 —— 2 片
- 清雞胸肉 —— 1 片
- 火焰生菜 —— 2 片

醃料
- 辣椒粉 —— 0.5g
- 匈牙利紅椒粉 —— 0.5g
- 鹽 —— 適量
- 黑胡椒 —— 適量
- 食用油 —— 少許

莎莎醬
- 洋蔥 —— 10g _ 切碎
- 番茄 —— 20g _ 切丁
- 香菜 —— 5g _ 切碎
- 墨西哥辣椒 —— 10g _ 切碎
- 酪梨 —— 20g _ 去皮去籽，切丁
- 鹽 —— 適量
- 黑胡椒 —— 適量
- 檸檬汁 —— 10cc

備料 MEMO

- 墨西哥餅皮在大型超市買得到。
- 火焰生菜可以換成其他各種生菜。

作法

1 雞胸肉加入辣椒粉、匈牙利紅椒粉、鹽、黑胡椒、食用油，用手稍微抓揉後，靜置醃漬。Ⓐ

Titan 這樣煮 | 鹽分會讓肉或海鮮出水，加點油可以幫助鎖住肉的水分。

2 墨西哥餅皮放入鍋中，煎到兩面上色後取出。Ⓑ

3 同鍋放入醃好的雞肉，兩面各煎 2 分鐘左右，煎熟至金黃上色後取出。Ⓒ

Titan 這樣煮 | 這時可以再把墨西哥餅皮放回鍋中烙一下，吸收雞汁。

4 等煎好的雞胸肉放涼後，斜切成片狀。Ⓓ

5 混勻莎莎醬的所有材料，做成醬料備用。Ⓔ

Titan 這樣煮 | 酪梨本身帶有油脂，不需要再額外加油。

6 在墨西哥餅皮上方依序擺上生菜、莎莎醬、雞肉片，邊捲邊壓至捲完，將收口朝下、對半切，擺盤即完成。Ⓕ

Titan 這樣煮 | 如果怕散開，可以用牙籤固定。

墨西哥牛肉烤餅

Mexico

Titan 說故事

這道墨西哥經典名菜的概念有點類似披薩,作法上卻完全不同。不但好吃,還非常容易成功,只要將餅皮準備好,裡面的餡料炒好,搭配上紅腰豆或鷹嘴豆,然後和起司一起拌匀後,用兩層餅皮包起來,烤或煎酥脆就完成了!

材料（2人份）

食材

墨西哥餅皮	2 片
牛小排火鍋肉片	50g_ 切小片
洋蔥	40g_ 切絲
紅腰豆	20g
生玉米粒	20g
墨西哥辣椒	10g_ 切碎
起司絲	30g

調味料

| 鹽 | 適量 |
| 黑胡椒 | 適量 |

備料 MEMO

- 紅腰豆罐頭在超市就買得到。
- 生玉米粒也可以換成罐頭玉米粒，
  但最後再加即可，不用炒。

作法

1 墨西哥餅皮放入鍋中，稍微乾煎上色。牛肉片先用鹽、黑胡椒調味。Ⓐ

2 鍋內倒少許油，開中火將玉米粒、洋蔥絲炒上色後，推到平底鍋旁邊，再放入牛肉片，煎上色至 8 分熟。Ⓑ

3 將炒好的牛肉片、洋蔥絲、玉米粒與紅腰豆、墨西哥辣椒碎及起司絲拌勻成烤餅料備用。Ⓒ

4 將烤餅料鋪到墨西哥餅皮的中間，四周保留一點空隙。Ⓓ

5 接著再蓋上一層餅皮包起來後，放入鍋中，將兩面煎上色即可。Ⓔ

Titan 這樣煮 | 餡料中的起司融化後有黏著的效果，不容易散開。

Saudi Ababia

 # 沙威瑪

Titan 說故事

我以前住在新店的時候，常常跑到景美夜市，就是為了吃沙威瑪。那時還不太懂，以為烤的肉就是這麼一大塊，覺得很壯觀，麵包用旁邊加熱的爐子烙痕，加上類似千島醬的醬汁，百吃不膩。後來才知道，原來那巨大的肉是層層疊上去的。台灣吃的是雞肉沙威瑪，國外還有羊肉、火雞肉跟牛肉等不同口味，夾著五花八門的蔬菜。

材料（1人份）

食材
- 大亨堡麵包──1個
- 清雞胸肉──1片
- 高麗菜──40g＿切絲

醬汁
- 美乃滋──30g
- 番茄醬──5g
- 糖──適量

醃料
- 鹽──適量
- 白胡椒──適量
- 匈牙利紅椒粉 0.5g
- 辣椒粉──0.5g
- 大蒜──5g＿磨泥
- 檸檬汁──10cc
- 油──10cc

備料 MEMO

買去皮的清雞胸肉即可，不需要帶皮。

作 法

1 雞胸肉上劃幾刀幫助入味，接著和油以外的所有醃料（鹽、白胡椒、匈牙利紅椒粉、辣椒粉、蒜泥、檸檬汁）拌勻略醃。再下油拌勻，鎖住水分。Ⓐ

Titan 這樣煮 | 匈牙利紅椒粉沒有辣度，是用來帶出顏色與香氣。加檸檬汁可以提升肉的鮮味。

2 熱鍋後放入雞胸肉，兩面煎熟後起鍋放涼，再用叉子拉成絲狀。Ⓑ

Titan 這樣煮 | 醃料中已經有放油，所以下鍋時不需要再另外加油。

3 大亨堡麵包剖半，放入鍋中略乾煎上色。Ⓒ

4 將美乃滋、番茄醬、糖混合成醬汁，裝入擠花袋。在麵包中間依序夾入高麗菜絲、擠上醬汁、放上雞肉絲，最後再擠上醬汁即完成。Ⓓ

Titan 這樣煮 | 也可以直接在乾淨的塑膠袋中混勻醬汁，剪開袋底尖角就能擠出來使用。

Cuba

古巴三明治

Titan帶你做！

Titan 說故事

這道古巴人在美國發明、本來默默無名的小吃，
後來因為一部電影——「五星主廚快餐車」而聲
名大噪。在古巴麵包裡夾入兩種起司、煙燻燒烤
完的牛肉，再用熱壓機壓到麵包兩面上色且產生
脆感，不論口味還是口感都讓人欲罷不能！而且
雖然料多，但因為壓得很扁，非常適合帶著走拿
著吃，嘴巴不用張太大就可以享用！

材料（1 人份）

食材
- 全麥麵包————1 顆
- 豬五花肉片——120g
- 火腿片————1 片
- 酸黃瓜————1 根_切片
- 切達起司片——2 片
- 起司絲————30g

調味料
- 梅林辣醬油——20cc
- 孜然粉————1g
- 白胡椒————適量
- 無鹽奶油——50g
- 黃芥末醬——20g
- 美乃滋————20g

備料 MEMO

台灣比較難買到正統的古巴麵包，改用口味較相近的全麥麵包。

作 法

1 豬五花肉片（整塊亦可）加入梅林辣醬油、孜然粉、白胡椒，用手稍微抓揉後，靜置醃漬約 5-10 分鐘。Ⓐ

2 平底鍋放少許油，先將火腿煎到兩面上色後備用，再放入豬五花肉片炒熟備用。Ⓑ

3 鍋子洗淨後放入無鹽奶油，加熱到融化後放入全麥麵包，等單面吸附奶油並煎上色後，塗上黃芥末醬。Ⓒ

Titan 這樣煮 | 讓麵包的切面朝下，在鍋內抹兩圈，奶油就會被吸到麵包裡，散發濃郁香氣。

4 依序在麵包上擺放火腿片、酸黃瓜、切達起司片、豬五花、起司絲後，擠上美乃滋，再蓋上另一片麵包，最後將兩面重壓煎上色至起司融化即完成。Ⓓ

Titan帶你做！

Russia

俄羅斯布林餅

Titan 說故事

這是一道俄羅斯慶典必吃的經典料理，也是在俄羅斯街邊隨處買得到的平民小吃。最傳統的吃法是包魚子醬或鮭魚卵，但後來變成沒有侷限，任何鹹的甜的餡料都可以包。換句話說，只要學會煎餅皮，就可以做出屬於自己的布林餅了。

材 料（2 人份）

麵糊		
低筋麵粉	125g	過篩
雞蛋	1 顆	
牛奶	180cc	
無糖鮮奶油	65cc	
初榨橄欖油	10cc	
鹽	0.5g	
糖	30g	

奶油鮭魚餡		
鮮奶油起司	50g	
燻鮭魚	30g	切條
小番茄	20g	一開六
酸豆	10g	切碎

火腿起司薯泥餡		
洋蔥	20g	切碎
大蒜	10g	切碎
火腿	30g	切丁
馬鈴薯	60g	蒸熟搗泥
牛奶	20cc	
起司絲	20g	
鹽	適量	
白胡椒	適量	

備料 MEMO

這裡教大家兩種餡料，可以自由替換。

作 法

1 取一大的調理盆，放入麵糊的所有材料（低筋麵粉、牛奶、無糖鮮奶油、雞蛋、糖、鹽、橄欖油）混合均勻，做成麵糊。Ⓐ

2 平底鍋內抹一層薄薄的油，將麵糊倒入鍋中，煎成圓形餅皮即可。Ⓑ

Titan 這樣煮 | 麵糊倒入鍋中後，用湯勺一邊同方向畫圈一邊將麵糊往周圍推開，推越快餅皮越薄，但要小心破掉。如果要讓餅皮的香氣更濃，可以翻面再煎一下。

3 製作火腿起司薯泥餡。鍋子內倒油燒熱，先放入洋蔥碎、蒜碎跟火腿丁炒香，再加入牛奶、馬鈴薯、起司絲拌勻，用鹽、白胡椒調味即完成。Ⓒ

4 製作奶油鮭魚餡。將鮮奶油起司、燻鮭魚、小番茄跟酸豆混合均勻即完成。Ⓓ

5 做好的餡料分別用布林餅包起來，完成。ⒺⒻ

Titan 這樣煮 | 可以像包春捲般，餡料鋪在餅皮下半部，往上折後，兩邊往內折再捲成長條。或是像可麗餅，將餡料集中在餅皮上半部的一半，往上對折後，再左右對折成三角狀。

Thailand

三 泰式打拋豬披薩

Titan 說故事

這道料理，完全是幫一位想吃打拋豬披薩的網友量身訂製。打拋豬跟披薩是兩個截然不同國家的料理，八竿子打不著啊！後來我用蔥油餅取代披薩皮的部分，這樣味道上比較合乎常理，大家自己在做的時候也輕鬆許多。喜歡重口味的朋友，絕對要試試看！

材 料 （2人份）

食材

蔥油餅	1 片
豬絞肉	200g
大蒜	20g _ 切碎
辣椒	15g _ 切碎
蔥	10g _ 切蔥花
小番茄	3 顆 _ 切對半
九層塔葉	5g
起司絲	60g

調味料

米酒	30cc
醬油膏	20g
魚露	10cc
糖	適量
白胡椒	適量

備料 MEMO

- 蔥油餅直接買現成的冷凍品就可以了，很方便。
- 建議使用不沾鍋做這道菜，比較好操作。

作法

1 在鍋中放入蔥油餅皮，一邊煎一邊輕壓到兩面上色後取出。接著在同一個鍋中鋪入起司絲，煎到稍微融化。Ⓐ

2 趁起司在融化的狀態時，蓋上煎好的蔥油餅麵皮。Ⓑ

3 蓋鍋蓋燜一下，煎到起司呈金黃酥脆，即可取出盛盤。Ⓒ

4 另一個鍋中放豬絞肉炒香至上色後，加蒜碎、辣椒碎拌炒，接著倒入米酒燒一下，再加入醬油膏、魚露、糖、白胡椒，炒香到收汁即完成。Ⓓ

5 將打拋豬倒到煎好的蔥油餅上。Ⓔ

6 最後再擺上小番茄、九層塔葉、蔥花即完成。Ⓕ

CHAPTER 5

餐桌上的異國饗宴！
逢年過節的
「浮誇宴客菜」

Titan帶你做！

France

🇫🇷 **紅酒牛腱**

Titan 說故事

過年期間總是很多大魚大肉，其中很常看到的就是
冷的牛腱切片，有次我靈機一動，想用西方紅酒燉
牛肉的手法來煮牛腱。而且為了更符合亞洲口味，
我將裡頭的材料換成了在地食材，像是白蘿蔔啊、
鳳梨等等，結果口味出奇地好！最重要的是，這道
看起來很費工的菜一點也不難，只需要一支鍋子跟
電鍋就搞定啦！

材料（2 人份）

<table>
<tr><td rowspan="9">食材</td><td>牛腱</td><td>1 塊 (約 600-700g) _ 汆燙</td></tr>
<tr><td>紅／白蘿蔔</td><td>各 150g _ 切塊</td></tr>
<tr><td>洋蔥</td><td>100g _ 切塊</td></tr>
<tr><td>牛番茄</td><td>100g _ 切扇形</td></tr>
<tr><td>鳳梨</td><td>100g _ 切塊</td></tr>
<tr><td>鳳梨芯</td><td>1 根</td></tr>
<tr><td>蔥</td><td>適量 _ 切成蔥花</td></tr>
<tr><td>薑</td><td>1 小塊 _ 切片</td></tr>
</table>

<table>
<tr><td rowspan="5">調味料</td><td>番茄醬</td><td>150g</td></tr>
<tr><td>紅酒</td><td>150cc</td></tr>
<tr><td>水</td><td>1500cc</td></tr>
<tr><td>鹽</td><td>適量</td></tr>
<tr><td>白胡椒</td><td>適量</td></tr>
</table>

備料 MEMO

牛腱上的脂肪建議修掉，但頂端白色牛筋頭的地方不要丟，燉久後 Q 彈有勁。

作法

1 牛腱放入滾水中汆燙至表面呈灰色後,去除雜質跟血水後備用。Ⓐ

2 熱鍋下油,加入薑片爆香後,放入洋蔥塊、紅蘿蔔塊、白蘿蔔塊續炒。再下番茄醬炒紅炒香,並加入紅酒、牛番茄、鳳梨芯煮滾。Ⓑ

Titan 這樣煮 | 鳳梨的酵素可以幫助肉質軟化,縮短燉煮時間。

3 在電鍋的內鍋中放入燙過的牛腱、步驟 2 的炒料,倒水至蓋過牛腱後,外鍋放 2 杯水,蒸煮 1 小時。Ⓒ

4 蒸好後取出牛腱切塊,連湯一同倒回炒鍋中回滾,加鹽、白胡椒調味。接著取出鳳梨芯、加入鳳梨塊,煮到稍微收汁後盛盤,撒上蔥花即完成。

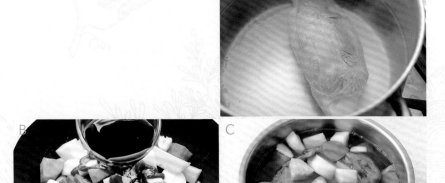

Titan帶你做！

France 藍帶豬排

Titan 說故事

歷久不衰的藍帶豬排，是一位法國藍帶學院老師的創意。豬排先拍打讓肉質軟化後，包入火腿片跟起司。其實最剛開始時包的起司是藍紋乳酪，但後來反而比較常看到莫札瑞拉起司。包好的豬排依序沾上麵粉、蛋液、麵包粉，在油鍋裡待個 6 分鐘，取出後沾上調好的塔塔醬，超過癮！

材料（1 人份）

食材	豬大里肌肉	200g
	火腿片	1 片 _ 對半切
	起司絲	40g
	美生菜	30g _ 切絲

炸粉	高筋麵粉	30g
	麵包粉	30g
	雞蛋	1 顆
	蒜酥	10g

塔塔醬	洋蔥	10g _ 切碎
	酸黃瓜	10g _ 切碎
	水煮蛋	0.5 顆 _ 切碎
	美乃滋	50g

調味料	鹽	適量
	白胡椒	適量

作法

1 將豬肉片用肉槌拍扁到中間稍厚、邊緣較薄,之後包起來會比較漂亮。Ⓐ

2 在肉片上先均勻撒上鹽、白胡椒調味,中間擺半片火腿、起司絲,再疊上另一半火腿,之後把肉片從四邊往中間包起來並壓一下塑形。Ⓑ

3 將包好的豬肉外層依序沾上高筋麵粉、蛋液、麵包粉(混合蒜酥)。Ⓒ

> **Titan 這樣煮 |** 在麵包粉裡加蒜酥,會讓口感跟香氣更豐富。

4 鍋內放入約蓋到豬排一半的油,以煎炸方式,把豬排煎約6分鐘至上色。Ⓓ

> **Titan 這樣煮 |** 觀察鍋中豬排旁邊的水泡,如果水泡變少,就表示肉裡面的水分變少、已經熟了。

5 混合塔塔醬的所有材料(美乃滋、洋蔥碎、酸黃瓜碎、水煮蛋碎)Ⓔ

6 盤底鋪上美生菜絲,放上豬排,附上塔塔醬即完成。Ⓕ

United Kingdom

威靈頓豬排

Titan帶你做！

Titan 說故事

這是用威靈頓公爵的名字命名的一道菜，正統作法是用牛肉，
包覆在裡面的材料還有鵝肝。但考量到台灣人有許多不吃牛，
鵝肝也價格不斐，所以稍稍更改了作法，做成豬肉版本。這道
菜在外面餐館很難吃到，想吃，不如就自己做吧！

材料（2 人份）

 食材

豬小里肌	1 條	
培根片	3 片	
蘑菇	80g	切碎
洋蔥	30g	切碎
大蒜	15g	切碎
酥皮	2 片	
蛋黃	1 顆	

調味料

黃芥末醬	20g
鹽	適量
黑胡椒	適量

 Check

備料 MEMO

冷凍的酥皮很硬不好包，使用前要先拿出來在室溫稍微回軟。

作 法

1 先將豬小里肌肉以鹽、黑胡椒調味後，放到已下油的熱鍋中，煎到表面上色即可取出。Ⓐ

> **Titan 這樣煮** | 豬小里肌的口感軟嫩，等同牛排菲力的部位。一開始只要稍微煎過就好，目的是讓肉本身的水分鎖在肉裡。

2 在同一個鍋子中放入磨菇碎炒乾，炒上色後放入洋蔥碎跟蒜碎炒軟。Ⓑ

> **Titan 這樣煮** | 蘑菇慢慢煸炒到出水再收乾，香氣更濃郁。

3 在煎過的豬肉上均勻塗抹黃芥末醬。Ⓒ

4 將酥皮鋪成長方形，上面先鋪一層步驟 2 的炒料，再放上豬肉、培根片，接著用酥皮捲包起來後，兩端稍微往下收到底部固定。Ⓓ

> **Titan 這樣煮** | 酥皮的大小依照豬肉調整，如果豬肉比較大塊就多鋪幾片。

5 放到烤盤上，在酥皮表面斜斜輕劃數刀，再塗上蛋黃液，放入烤箱以 160℃ 烤 15 分鐘。取出切塊即可享用。Ⓔ

Titan帶你做！

United Kingdom 蘭開夏羊肉鍋

Titan 說故事

英國可不是只有炸魚薯條！蘭開夏羊肉鍋
也是英國代表性的料理之一。做這道菜需
要花比較長的時間，但其實作法很簡單。
據說以前英國人會在上工前把整鍋羊肉放
到爐中，等收工回來就可以開動。鋪在最
上層的馬鈴薯片，吸附了底下燉羊肉與蔬
菜融合熬煮出來的湯，那個口感跟鮮度，
實在耐人尋味啊。

材料（2 人份）

食材
羊肩肉	300g	切塊
洋蔥	100g	切塊
紅蘿蔔	100g	切塊
牛番茄	2 顆	切塊
馬鈴薯	1 顆	切片
大蒜	20g	切碎
牛肉乾	40g	

調味料
無鹽奶油	20g	
水	600cc	
迷迭香	0.5g	
百里香	0.5g	
月桂葉	1 片	
巴西里	適量	切碎
鹽	適量	
黑胡椒	適量	

備料 MEMO

- 羊肉通常要大市場才有，直接買超市冷凍的羊肉塊比較方便。也可以換成肋排或羊腿，但羊腿燉煮時間需要拉長一點。
- 肉乾有濃縮高湯的效果。牛肉乾比較好取得，但如果有羊肉乾的話更好。
- 巴西里是用來裝飾，沒有的話可以省略。

作 法

1 羊肩肉先用鹽、黑胡椒調味後,放入鍋中煎至上色。Ⓐ

2 接著放入洋蔥塊、紅蘿蔔塊翻炒,再加入牛番茄塊、蒜碎
炒香後,加入無鹽奶油、水、牛肉乾、迷迭香、百里香跟
月桂葉。最後加入鹽與黑胡椒調味,煮滾之後關火。Ⓑ

Titan 這樣煮 | 加牛肉乾有濃縮高湯的效果,能讓味道釋放到湯中。也可以
直接使用羊高湯或牛高湯。

3 在煮好的湯上面排滿馬鈴薯片、刷一層奶油,並放入烤箱
以 130℃烤 1.5 小時。取出後,撒上巴西里碎即完成。Ⓒ

Spain

西班牙海鮮燉飯

Titan帶你做！

Titan 說故事

喜歡西式料理的人，對這道菜絕對不陌生。燉飯的重點就是要用生米，還有海鮮不能先汆燙，這樣生米才能完全吸收海鮮釋放在湯汁中的鮮味。正統作法裡大多還會使用番紅花絲，但價格實在不太親民！所以我在這邊提供了省略番紅花絲的作法。不過如果你家裡真的有，可以加個 0.2g 進去，增加香氣和顏色。

材料（2人份）

食材

白米	100g	
白蝦	6 隻	
中卷	60g _ 切圈	
蛤蜊	10 顆	
淡菜	6 顆	
牛番茄	80g _ 切小丁	
洋蔥	40g _ 切碎	
大蒜	20g _ 切碎	
檸檬	1 顆	

調味料

白葡萄酒	100cc
水	200cc
月桂葉	1 片
薑黃粉	1g
鹽	適量
白胡椒	適量
初榨橄欖油	20cc

作法

1 鍋中下油燒熱後，首先炒香洋蔥碎跟蒜碎，接著放入蛤蜊、白蝦、中卷、淡菜，再倒入白葡萄酒，稍微拌炒到海鮮煮熟。Ⓐ

2 先將煮熟的海鮮通通取出後，加入白米以及水，接著加入月桂葉、番茄丁以及薑黃粉拌勻，煮滾後加入鹽、白胡椒和一點點橄欖油。Ⓑ

> **Titan 這樣煮** | 這個階段的調味料要下足，如果等到米飯煮好再調味，味道就吃不到米飯裡。此外還會加少許橄欖油，讓米在吸收海鮮高湯的同時，也能吸收橄欖油的香氣。如果裝海鮮的碗中有湯汁流出，趕快倒回鍋裡，千萬不要浪費。

3 接著轉小火蓋鍋蓋煮 10 分鐘，再關火燜 15 分鐘後打開鍋蓋，放上海鮮，蓋鍋蓋燜一下讓熱度起來，即可淋上橄欖油，撒上檸檬皮屑並放入檸檬角，完成！Ⓒ

美式碳烤豬肋排

Titan帶你做！

Titan 說故事

一般西餐中的食材，都會刻意處理成不帶骨、不帶刺的狀態，方便大家食用。唯獨這道豬肋排，偏偏就一定要帶骨，沒有骨頭還不好吃！這次我將這道料理改良成了家庭版本，豬肋排先用電鍋燉煮到肉質軟後，再放入烤箱烤到表層上色，簡單不費力，就完成了一道異國美食！

材料（2人份）

食材

帶骨豬肋排	400g	
西芹	50g _ 切塊	
紅蘿蔔	50g _ 切塊	

調味料

梅林辣醬油	50cc
番茄醬	100g
黑胡椒粒	2g _ 切碎
水	600cc

BBQ醬

番茄醬	100g
梅林辣醬油	10cc
蜂蜜	10g
黃芥末	10g
糖	10g
黑胡椒	1g _ 切碎

作法

1 將豬肋排、西芹、紅蘿蔔，還有調味料通通放入電鍋的內鍋後，外鍋加水，蒸煮約 1 小時。Ⓐ

2 將 BBQ 醬的所有材料混合備用。Ⓑ

3 取出蒸煮好的豬肋排、蔬菜料放到烤盤上，進 200℃烤箱烤 10 分鐘。Ⓒ

4 最後在烤好的豬肋排上塗一層 BBQ 醬即完成。

Titan 這樣煮｜蜂蜜遇熱會變質，因此 BBQ 醬最後再塗。

Singapore

麥片蝦

Titan 說故事

這是一道我很喜歡的新加坡菜,因為本身很愛吃麥
片,初學會這道料理時天天煮來吃。麥片的脆口,
搭配上彈牙的蝦仁,只需要簡單調味就非常好吃。
如果手邊剛好沒有麥片,我覺得用吃剩下來的洋芋
片敲碎,也是個不錯的選擇。

Titan帶你做!

材料（2 人份）

食材		
白蝦	10 尾 _ 去殼留尾
雞蛋	1 顆 _ 打勻
麥片	40g
大蒜	15g _ 切碎
香菜	5g _ 切小段

調味料		
米酒	10cc
鹽	適量
白胡椒	適量
地瓜粉	適量
無鹽奶油	10g

作法

1 蝦子用刀劃開背部、挑出腸泥後,與 1/4 顆蛋液、米酒、鹽、白胡椒混勻後略醃。Ⓐ

2 將醃過的蝦子和地瓜粉拌勻,放入油鍋中煎熟、兩面上色後取出。Ⓑ

3 熱鍋下油,倒入剩下的蛋液後,用筷子拌開、炒香,再加入無鹽奶油炒勻。Ⓒ

> **Titan 這樣煮** | 無鹽奶油耐熱約 127℃,如果先加奶油再炒蛋,容易因高溫導致奶油劣化、變黑。

4 再放入麥片、蒜碎、鹽、白胡椒炒勻炒乾,最後加入香菜、蝦子拌炒一下即完成。Ⓓ

Singapore

新加坡辣椒炒蟹

Titan帶你做！

Titan 說故事

有一次跟「愛玩客」出台北的外景，到了珍寶餐廳，吃到大師炒的這道菜，實在讓我驚為天人，有夠好吃！吃完螃蟹剩下來的醬汁，還可以沾著炸過的饅頭來吃。所以回來後我就揣摩了作法，用比較簡單的方式重新詮釋這道美味的料理。

材料（2人份）

食材

沙母	1 隻
辣椒	20g _ 切碎
朝天椒	10g _ 切碎
紅蔥頭	10g _ 切碎
大蒜	20g _ 切碎
薑	10g _ 切碎
雞蛋	1 顆
蔥	10g _ 切蔥花

調味料

番茄醬	60g
米酒	適量
水	100cc
糖	5g
香油	適量
太白粉	10g

 Check **備料 MEMO**

這道菜通常用沙公，因為肉比較多。但我喜歡蟹黃的味道，所以改用沙母。

作 法

1 先將螃蟹切分成殼、蟹螯、身體三個部分。參考下圖，去除掉螃蟹的胃、嘴巴、腮、心臟，並用清水沖洗乾淨後，身體從中間剖兩半，蟹螯用刀背敲碎。將處理好的螃蟹淋上適量米酒，放入電鍋蒸熟。Ⓐ Ⓑ

2 鍋中下油，放入辣椒碎、朝天椒碎、紅蔥頭碎、蒜碎、薑碎炒香後，放入番茄醬續炒，讓色澤更紅。Ⓒ

3 加入適量米酒、水、糖拌勻後，放入蒸好的沙母稍微燒一下。Ⓓ

4 接著加入太白粉水勾芡，倒入蛋液，就可以淋上香油、撒蔥花，盛盤上桌。Ⓔ

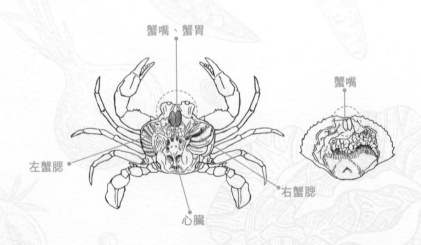

蟹嘴、蟹胃

蟹嘴

左蟹腮

右蟹腮

心臟

Korea 蔘雞湯 Titan帶你做！

Titan 說故事

韓國最著名的就是人蔘了。人蔘雞在韓國,大概就像我們的藥燉排骨湯,是天冷或想進補時的首選。把人蔘跟糯米、紅棗等養身食材塞到雞的肚子裡,經過長時間熬煮,湯裡滿滿的精華,趁熱騰騰的時候喝一口,暖心又暖胃!

材料

<table>
<tr><td rowspan="7">食材</td><td>肉雞</td><td>1 隻</td></tr>
<tr><td>人蔘</td><td>1/2 根</td></tr>
<tr><td>圓糯米</td><td>60g _ 泡水</td></tr>
<tr><td>生栗子</td><td>80g _ 泡水</td></tr>
<tr><td>紅棗</td><td>5 顆 _ 泡水</td></tr>
<tr><td>大蒜</td><td>5 顆</td></tr>
<tr><td>嫩薑片</td><td>20g</td></tr>
<tr><td></td><td>蔥</td><td>20g _ 切蔥花</td></tr>
</table>

<table>
<tr><td rowspan="4">調味料</td><td>白胡椒</td><td>適量</td></tr>
<tr><td>鹽</td><td>適量</td></tr>
<tr><td>米酒</td><td>40cc</td></tr>
<tr><td>水</td><td>800cc</td></tr>
</table>

備料 MEMO

蔘雞湯通常選用小隻春雞，但如果想煮一鍋全家吃，就買大一點的也沒關係，只是要煮久一點。

作法

1 圓糯米、生栗子、紅棗泡水 30 分鐘後瀝乾，與大蒜、白胡椒粉、鹽一起混合均勻。Ⓐ

2 用牙籤在肉雞身上戳幾個洞，接著將步驟 1 的餡料塞入肉雞身體中，塞到約 6-7 分滿，接著塞入人蔘。Ⓑ

3 填入所有的餡料後，用牙籤穿過雞皮，固定封口。Ⓒ

4 在鍋中放入肉雞、嫩薑片、米酒跟水，從冷水開始煮，煮到滾後轉小火燉 40-60 分鐘。起鍋前加入白胡椒、鹽調味，最後撒上蔥花即完成。Ⓓ

Titan 這樣煮｜冷水開始煮，雞肉的甜味才會釋放。如果用的雞較大隻，記得在 30 分鐘時翻個面。

China

蘇州松鼠魚

Titan帶你做！

Titan 說故事

松鼠魚的由來很多，其中之一是乾隆皇帝有一回到蘇州時，見到一尾活蹦亂跳的鯉魚，便指名要吃那條魚。廚師聽聞皇帝駕到，害怕因怠慢而大禍臨頭，不僅在口味上下功夫，還將魚身切出格紋，油炸成類似松鼠的形狀，然後在炸好的魚上淋上煮熱的醬汁。當熱汁碰到酥脆的魚，發出類似松鼠的叫聲。乾隆吃完後大加讚賞，松鼠魚便從此聲名遠播。

材 料（2人份）

食材		
鱸魚	1尾
香菇	20g _ 切小丁
紅黃甜椒	各20g _ 切小丁
洋蔥	20g _ 切碎
薑	5g _ 切碎
大蒜	10g _ 切碎
香菜	10g _ 切小段

調味料	
地瓜粉	80g
番茄醬	40g
米酒	30cc
糖	20g
水	80cc
白醋	40cc
香油	適量
鹽	適量
白胡椒	適量

備料 MEMO

- 正宗作法是用黃魚，但鱸魚較好取得，口感也好。
- 如果家中沒有大鍋，建議買小尾一點的魚，比較好炸。

作法

1 鱸魚清洗乾淨，去除內臟之後，先將頭切掉。Ⓐ

> **Titan 這樣煮** | 切下來的魚頭之後可以炸來裝飾，不要丟掉。

2 用菜刀從魚身體的兩側劃開。Ⓑ

3 將魚肉分成上下兩片後，用剪刀剪掉中間的骨頭。Ⓒ

4 魚的腹部會有一排骨頭，用菜刀斜切掉魚肉上的排刺。Ⓓ

5 接下來用菜刀在魚肉上直劃 3-4 刀（不切斷）。Ⓔ

6 接著再橫劃 10 幾刀，切出菱格紋。Ⓕ

> **Titan 這樣煮** | 劃刀時不要太大力，以免不小心切斷魚肉。

7 將魚肉和魚頭沾上地瓜粉，包含魚肉切開的內側都要裹到，炸起來才漂亮。Ⓖ

8 起油鍋，油量至少要淹過魚肉，加熱到大約 160℃（放入筷子後，筷子周圍會冒小泡泡）後，放入魚身和魚頭炸熟至金黃酥脆，取出瀝油。Ⓗ

> **Titan 這樣煮** | 如果在家裡不想用那麼多油，也可以用半煎炸的方式，但格紋會開得不漂亮。

9 鍋中熱油，放入香菇丁炒香後，加入紅黃椒丁跟洋蔥丁續炒，再加入薑碎、蒜碎、番茄醬炒勻，然後加入米酒、糖炒香，並加水稍微煮一下。最後再用鹽、胡椒調味後，加白醋和少許地瓜粉勾芡。Ⓘ

> **Titan 這樣煮** | 勾芡可以幫助醬汁稠化，如果不需要可省略。

10 在盤子上用醬汁鋪底，淋上香油、撒上香菜，再放上炸好的魚肉即完成。

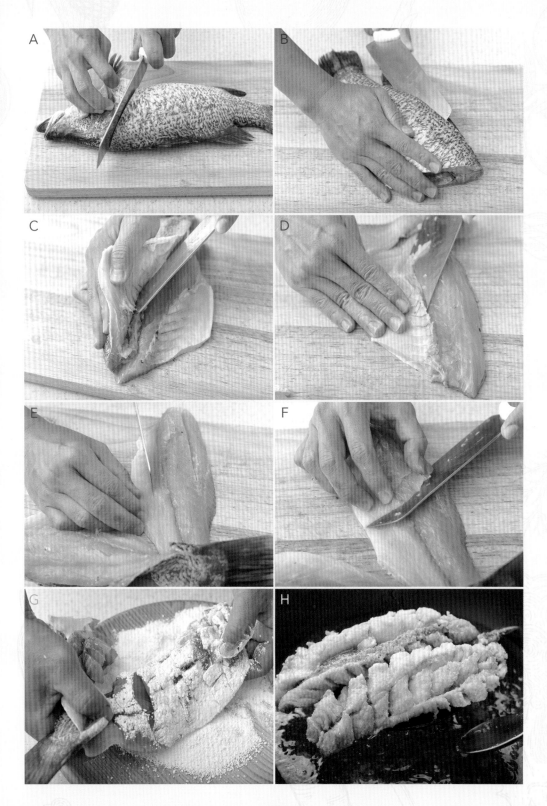

台灣廣廈 國際出版集團
Taiwan Mansion International Group

國家圖書館出版品預行編目（CIP）資料

在家輕鬆做餐廳必點菜：掌握關鍵調味、省略繁複手法！明星主
廚教你用常見食材×家常技巧，重現50道各國美味料理 / 張秋
永著. -- 新北市：臺灣廣廈有聲圖書有限公司, 2023.07
　面；　公分
ISBN 978-986-130-584-4(平裝)
1.CST: 食譜

427.1　　　　　　　　　　　　　　　112006175

在家輕鬆做餐廳必點菜

掌握關鍵調味、省略繁複手法！明星主廚教你用常見食材×家常技巧，
重現**50**道各國美味料理

作　　　者／張秋永	編輯中心編輯長／張秀環
攝　　　影／蕭維剛	編輯／蔡沐晨・許秀妃
製 作 協 力／庫立馬媒體科技股份有限公司	封面設計／曾詩涵・**內頁設計**／徐小碧
-- 料理123	製版・印刷・裝訂／東豪・弼聖・秉成
經 紀 統 籌／羅悅嘉	

行企研發中心總監／陳冠蒨	線上學習中心總監／陳冠蒨
媒體公關組／陳柔彣	數位營運組／顏佑婷
綜合業務組／何欣穎	企製開發組／江季珊

發 行 人／江媛珍
法 律 顧 問／第一國際法律事務所 余淑杏律師・北辰著作權事務所 蕭雄淋律師
出　　　版／台灣廣廈
發　　　行／台灣廣廈有聲圖書有限公司
　　　　　　地址：新北市235中和區中山路二段359巷7號2樓
　　　　　　電話：（886）2-2225-5777・傳真：（886）2-2225-8052

代理印務・全球總經銷／知遠文化事業有限公司
　　　　　　地址：新北市222深坑區北深路三段155巷25號5樓
　　　　　　電話：（886）2-2664-8800・傳真：（886）2-2664-8801
郵 政 劃 撥／劃撥帳號：18836722
　　　　　　劃撥戶名：知遠文化事業有限公司（※單次購書金額未達1000元，請另付70元郵資。）

■出版日期：2023年07月
ISBN：978-986-130-584-4　　　版權所有，未經同意不得重製、轉載、翻印。